塑造完美的气质

阚清华·编著

吉林文史出版社

图书在版编目（CIP）数据

塑造完美的气质 / 阚清华编著 . —长春：吉林文
史出版社，2017.5
ISBN 978-7-5472-4320-6

Ⅰ . ①塑… Ⅱ . ①阚… Ⅲ . ①气质—青少年读物
Ⅳ . ① B848.1-49

中国版本图书馆 CIP 数据核字（2017）第 139550 号

塑造完美的气质
Suzao Wanmei De Qizhi

编　　著：阚清华
责任编辑：李相梅
责任校对：赵丹瑜
出版发行：吉林文史出版社（长春市人民大街 4646 号）
印　　刷：永清县晔盛亚胶印有限公司印刷
开　　本：720mm×1000mm　1/16
印　　张：12
字　　数：129 千字
标准书号：ISBN 978-7-5472-4320-6
版　　次：2017 年 10 月第 1 版
印　　次：2017 年 10 月第 1 次
定　　价：35.80 元

目 录

CONTENTS

第一辑

淡泊的心理

淡泊名利

不以物喜，不以己悲

荣辱不惊

恬淡养心

战胜骄傲

不与人争

淡泊名利

"非淡泊无以明志，非宁静无以致远"，可见，淡泊是一种心境。拥有淡泊之心，才能坦然地面对生命中的得失；拥有淡泊之心，才能豁达地对待人生中的进退。闲看庭前花开花落，漫随天外云卷云舒，说的就是这么一种淡然而宁静的心态。

一个人只有在心静如止水时，心中才能像一尘不染的明镜，不会心存邪念，不会计较名利。在这个事理纷繁的社会中，拥有一颗淡泊的心是难能可贵的。淡泊会让你真正地享受人生，心怀豁达，没有贪欲，不为金钱名利而蝇营狗苟，不为功名利禄而钩心斗角，心中始终保持那份淡然与平静。人生中难免会有很多得失，当我们面对这些得失时，要懂得如何保持淡泊的心理，做出正确的选择。

淡泊，是一种超脱，超脱势利纷华的物质，独留一份纯净的心；淡泊，是一种福分，渗透于人生的点滴之中，拥有它，你就拥有了

快乐和幸福。

我们熟悉的居里夫人，她的童年其实是不幸的。小时候，她的妈妈得了严重的传染病，而她的父亲是一个收入十分有限的中学教师。她是被大姐照顾着长大的，但是在她 10 岁那年，母亲和大姐却相继病逝，从此，她的生活变得更加艰难。但是她没有被打倒，这样的生活反而培养了她独立生活的能力，也造就了她坚强的性格。

居里夫人从小学开始，各门功课都是第一名，15 岁的时候以优异的成绩获得金奖章而从中学毕业，19 岁就成为一名家庭教师。她喜欢探索，喜欢科学，这个未知的世界对她来说有着无穷的吸引力。24 岁时，她凭借自学考上了巴黎大学，在巴黎大学学习两年后，她以第一名的成绩获得了物理学学士学位，一年后又以优异的成绩考取了数学学士学位。

后来，居里夫人选定了自己的研究课题：对放射性物质的研究。这个研究课题把她带进了科学世界的新天地。经过多年的坚持和努力，她完成了近代科学史上最重要的发现之一——放射性元素镭，并奠定了现代放射化学的基础，为人类做出了伟大的贡献，成为科学史上伟大的女科学家。

居里夫人以自己的勤奋和天赋，在物理和化学领域都做出了杰出的贡献。她一生获得各种奖金 10 次，各种奖章 16 枚，各种名誉头衔 107 个，成为唯一一位在物理和化学两个不同领域两次获得诺贝尔奖的著名科学家。爱因斯坦曾经高度评价居里夫人的一生："居里夫人一生最伟大的功绩就是证明放射性元素的存在并把它们分离出来，不仅仅是靠大胆的尝试和直觉的判断，也靠着难以想象的在极端困难的情况下对工作的热忱和顽强，这样的困难，在科学历史上是罕见的。居里夫人的品德和热忱，哪怕只有一小部分存在欧洲的知识分子之中，欧洲也会面临一个比较光明的未来。"

但是，这位两次获得诺贝尔奖的伟人，却是淡泊名利的人。居里夫人一生崇尚科学，从小就树立了用科学成果报效祖国和造福人类的伟大志向。她从不把金钱放在眼里，她说："如果为了经济上的利益，是违反纯粹的研究观念的。"她一直用事实证明着这句话。她用了 45 个月从矿石中提炼出 0.1 克镭，这是她艰苦努力得来的成果，本应该享受这成果带来的金钱利益，然而她果断地放弃了这笔巨额财富，她没有申请专利，把这笔财富据为己有，因为她把造福人类看成最大的幸福。

当时的美国总统胡佛为了奖励居里夫人对世界做出的巨大贡献，打算以政府名义赠给她价值 75 万法郎的 1 克镭，并把关于此事的文件送给她看。当居里夫人读完文件后明确表示反对，她说："这个文件必须修改，美国赠我的这 1 克镭，应该属于科学。只要我活着，不用说，我将只把它用于科学研究。但是假如就这样规定，那么在我死后，这 1 克镭就会成为个人财产，成为我女儿们的财产，这是不行的。我希望把它赠予实验室。"最后，经手人只好按照居里夫人的意见修改了文件。

1923 年，法国居里基金研究会庆祝镭的发现 25 周年。当时，法国政府赠给居里夫人 4 万法郎作为"国家酬劳"，同时表示她的两个女儿可享有这笔酬劳的继承权。居里夫人并没有独自享受

这笔酬劳，而是毅然将这笔钱赠送给了祖国波兰，用于创建一个镭研究院。

居里夫人虽然获得了无数的奖章和名誉，但是她从未看重那些身外之物。有一次居里夫人的朋友到她家做客，看到她尚在幼年的女儿竟然拿着英国皇家刚刚为她颁发的荣誉奖章在玩耍。这个朋友不禁惊讶地问道："能得到这么高的荣誉并不容易，你怎么能随便给孩子玩呢？"居里夫人只是笑了笑，说道："我想让孩子从小就知道，名誉这种东西，只能当玩具一样玩玩儿，把它看得太重要，绝对会一事无成。"

居里夫人就是这样一个淡泊名利、一生为科学奋斗的人。她有一句名言是这样说的："在科学上，我们应该注意事，而不应该注意人。"是的，她从来只看重一件事对国家是否有益，对科学的发展是否有益，却从来不去想这件事会给自己带来多大的荣誉或者利益，正是这种不为名利所累、一心倾注于科学研究的品质，使居里夫人最终到达辉煌的科学巅峰。

居里夫人曾经在一篇短文《我的信念》中写道："近50年来，我致力于科学的研究，而研究，基本上是对真理的探索……我一生中，总是追求安静的工作和简单的家庭生活。为了实现这个理想，我竭力保持宁静的环境，以免受人事和盛名的侵扰。"她是这样说的，也是这样做的。

"天下熙熙皆为利来，天下攘攘皆为利往"，天下人为了利益蜂拥而至，为了利益各奔东西。不可否认，名和利可以带给人很多心理上的满足和物质上的享受，很多人，为了得到名利用尽了办

法，甚至不择手段。有多少人为了名和利，忘记了自己最初的梦想，丢掉了最初的本真，变成了连自己都不认识自己的人。

　　为了不让自己成为获取名利的工具，我们必须守住自己的本真，从小培养自己淡泊名利的心理。淡泊是一种人生体验到极致的感悟，是一种更为简单、纯净的心态。"淡泊以明志，宁静而致远"，这是自古以来修身养性的最高境界。一个人只有懂得淡泊世事之后，才会洞明凡尘；一个人只有清心内收之时，才会高瞻远瞩。淡泊名利，不为名利所累，你才能活得更真实、更纯真，才能找到奋斗的正确方向，才能拥有执着不悔的人生。

不以物喜，不以己悲

"不以物喜，不以己悲。"乍一看有人可能会认为这句话说得有些"不近人情"，难道喜时我们不能欢呼雀跃，悲时我们不能伤心流泪？得与失，胜与败，沉与浮，喜与怒，世间事，有多少我们要为之牵绊，难道我们不能控制自己的喜怒哀乐吗？事实上，这句话并不是表面上那样简单，它表达的其实是一种不计较得失的良好心态——一种不因事物的好坏和自己的得失或喜或悲的豁达淡然的心态。

"不以物喜，不以己悲。"不是不能表达我们的悲喜，而是我们要用一种豁达淡然的心态对待让我们悲喜的事情，正确地面对生活中的得与失、胜与败。无论是喜是悲，我们不能陷入其中，被其左右，我们要做的是超然物外，保持真我。过于看重身边的人和事，为得到和失去大喜大悲，往往会迷失自我。这往往和顺境与逆境有异曲同工之处，过度沉溺于一帆风顺的喜乐中，往往会失去前进的奋斗意志，而最终导致失败。同样，如果因为处于逆境中而一直伤心失望，也是无法摆脱困境的。我们应该做的就是顺境时戒骄戒躁，保持清醒和前进的动力，逆境时不悲伤失望，充实信心和意志，勇往直前，战胜困难。当然，要让自己的心不随着环境而变动是不容易的，我们必须时刻告诉自己要保持豁达淡然，看淡得失，不为喜事而忘形，不为悲事而失态。

有一对夫妻赶一头驴进城，一前一后，一路上说说笑笑，十分惬意。原本这是羡煞旁人的，岂料半路有人看着他们的状态嘲笑道："这俩人实在太笨了，有驴都不知道骑，还乐颠颠地走。"

丈夫听了这人的话，不住地点头，觉得很有道理，于是翻身上驴。可没走多远，碰到的路人又说："这个人真是太不会做丈夫了，自己骑驴，竟然让妻子在后面跟着走，实在是没良心！"

丈夫一听，恍然大悟，觉得自己做得实在过分，于是立刻下了驴，让妻子上去，自己跟在后面。又走了一段路后，碰到的路人中又有人说："这妻子实在太狠心了，自己的老头子一把年纪了，可她自己居然骑着驴，让丈夫跟在后面走！"

丈夫听完，为了不让别人误解自己的妻子，也骑上了驴。这会儿，他心里美滋滋的，觉得肯定不会再有人说什么了。

岂料，刚走了一会儿，就听到有人嘀咕："哎呀，这两个人是不是太残忍了？看那驴多瘦小啊，他们两个人却都骑在上面，也不怕把驴累死！"

这下，夫妻俩都听到了，赶忙下来。不过，他们不是赶着驴走，

而是将驴的四肢绑在了一起，扛着驴进城了。

不要总是在乎别人做什么、说什么，要多做自己的事情；不要总是管别人的事情，因为就算你再累，别人也不会感激你；不要怨恨别人，因为你也会在不知不觉中遭到别人的抱怨。不要估量自己在别人心目中的地位是怎么样的，那是别人的事情，不必操心，做好自己就行。活在别人的眼里，你就会失去自我，更得不到知己。

生活本来就是活在自己经营的范围之内，至于范围之外的那些闲言闲语，你为什么要去理会？当然，是个人就总是会被闲言闲语所影响，但来自他人的言语，给你提供的只是参考价值，而不是让你去配合行动。

我们要明白一点，我们所做的一切都会被周围的人看在眼里，这其中一定会有两种截然不同的观点，一个是赞同，一个是反对。明白自身优劣的人，会过得更自在一些。

人要明白一点，做事情想要面面俱到、八面玲珑是不可能的，就像鱼与熊掌不能兼得一般。这个社会有很多人，你想要人人赞同你，那根本是异想天开。每个人都有自己不一样的立场以及看待问题的角度和观点，因而不要太在意别人的眼光。

你想要照顾到每一个人的感受，无非就是无端地在自己面前立了无数面镜子，如果你老是盯着镜子里的自己，看自己是否完美，表情是否有瑕疵，你就会担心别人是否也会这样审视自己。于是，只要有一面镜子中的你对自己不满意，你就会惶恐自责。这样的自己，并非是你自己，你会迷失自己应该有的气质，你很可能会慢慢地变成只能看着别人的脸色生活的状态。显然，这样的傀儡版的生活并不是我们想要的。

正值青春的我们，不应活在别人的眼下，那样会失去生活的目标，如大海中的小船一样，总在漩涡里打转，迟早深陷其中。

有句话是这样说的："听得太多不该听的，容易把自己原本的想法模糊化，甚至遗忘。"因此，年轻的我们一定要牢记，我们活着不是给别人看的，而是要实现自身的价值。

太在意别人的眼光，有时是因为自己软弱，这会让我们显得很谦恭且没有自信。收回盯着别人看的眼光，审视自己的内心，问问这样的自己是不是真正的自己。

失意时，不要因为别人的眼神而惶恐，而要在自己的内心寻找一种重新站起来的力量。强大自己比奉承他人更为重要，因为前者是让你活在自己想要经营的世界里，活在认清自身的空间里，这比后者快乐、自在、享受；而后者，则是活在里外不是人的境界中，只有盲目的人才会选择。因此，认清自己比听从他人更重要。

荣辱不惊

古人云："假如不知道有自我的存在，又如何能知道事物的可贵？"又云："既然能明白脸和身体都不是自己可以永远占有和控制的，世间还有什么烦恼能侵害我呢？"这两句话都是前人的经验，这对我们都是一种忠告。

世人只因把自我看得太重，所以才有各种嗜好和烦恼，所以才总是陷入他人的称赞和诋毁中无法自拔。假如你可以把烦恼的事情看得淡一些，烦恼与困扰自然会离你远一些。做一个有气质的人，做一个人生的豁达者，很多时候并不需要多高的学识、多深的造诣，往往只是摆正自己的位置、扭转自己的心态，一切都会按照自己设想的方向发展。

国外曾做过这样一次调研：人临死前最后悔做的事情是什么？排在第一位的是：这一生没有去做自己最想要做的事情。可见，不少人想做的事情并不是一件特别容易做到的事情。值得一提的是，调研的对象中不乏一些家财万贯或是位高权重之人，这就让人诧异了：为什么他们也有自己想做而没能做到的事情？

很简单，因为他们一生都忙活着怎么样去赚取更多的钱财，渐渐地，便把自己一直以来想做的事情一再搁置，直到老去。等到某天突然想起来时，却已经是心有余而力不足了。

两个非常有才华的年轻人离开他们的家乡，相约一同去大城市打拼，他们想把自己的才华展现给世人看，更想凭借自己的才华在那个繁华的大都市中创出一份属于自己的事业。

但是，想要在繁华的大城市里闯出一片天地是非常困难的，两个年轻人虽然才华横溢，但是没有人赏识，以致连连碰壁，吃了不少闭门羹。很快，其中一个少年因困境的频频来袭开始怀疑自己，他觉得自己的方式可能出问题了，他甚至有了放弃的念头。

另一个少年呢？他一直坚持着自己的方式，他相信自己总有一天能够得到别人的赏识，到了那时，自己的才华就可以发挥出来，也随之能开创自己的事业。

两个人想法不同，就决定了日后所走之路也是迥异的。很快，他们分道扬镳。怀疑自己的少年放弃了自己的才华，开始追逐物质生活，他觉得在这个社会上，没有金钱是万万不能的，至于自己的梦想，等自己拥有了足够的金钱之后自然能够实现。但是，他没有想到的一个问题是：究竟拥有多少金钱才能算是足够呢？这个问题没人能解答。就这样，他不断地追逐着，他的才华和梦想也在这个过程中慢慢地被他淡忘了。某一天，他突然觉醒，发现自己应该义

无反顾地去追逐自己的梦，可仔细看看自己，已经老了，做什么都无能为力了。

而始终如一地坚持自己梦想的那个少年呢？他在最初的时候还是继续碰壁，他的生活很平凡，不过这种现实却没有让他忘却自己的理想，他更加没有荒废自己的才华。

终于，他被一个有眼光的人发掘了，从此一飞冲天。他的才华淋漓尽致地发挥了出来，慢慢地他也开始拥有了自己的事业。当然，他并不是常规意义上的成功人士，没有金山银山，不过，他的梦想实现了，而且他想做的事情也都一一完成，他的一生过得丰足而幸福，毫无遗憾。

可见，"咬得菜根，方可百事可成"，这话其实也可以这样解释：菜根，平凡得户户拥有，经受得住平平凡凡的煎熬，不为利益所蒙蔽，才能保住自己的才华不被利益同化，才能完成自己想做的事情。

"不要用我们有限的生命，去追逐无限的物质财富。"是的，生命是有限的，短短几十年，很多人为何要让自己陷入这财富的无限旋涡，难道最终还能把财富带到棺材里面去吗？就算带过去了，还用得着吗？

也有人想着，自己的财富可以留给后代子孙，然后自己可以"千古留名"了？可是，这样一句老话——"儿孙自有儿孙福"，却打破了人们自以为是的想法。每个人都有自己的追求，每一代人，都应该用自己的双手去创造自己想要的生活，而不是接受上一代的福泽。

生活需要"忍耐"的功夫，需要"淡泊"的胸怀，做到这两件事，就能和"荣辱不惊"挨上边儿了。

懂得欣赏诸葛亮的"非淡泊无以明志",将此视为信念,即能不断提升自己本身的修养,最终让自身品格得到升华;明白范仲淹的"不以物喜,不以己悲",便可做到世界之大,万物得失与我何干的崇高境界。气质,其实是无法用言语形容的,而荣辱不惊的气质,事实上从修身做起便可具备。

在这个物质社会中,奢侈品是大部分人都追求的,不管是爱马仕背包、宾利轿车,还是劳力士与百达瑞丽,都足以代表人的财力。但是,你可知道现在真正的奢侈品是什么吗?

最新奢侈品排行榜,看看你到底还拥有几样:

1. 信仰与理想

2. 真诚与慈悲

3. 质朴和童心

4. 品德与责任

5. 快乐和健康

6. 魄力与信心

7. 睡眠与假期

8. 胸怀和心态

9. 良知和道德

10. 经历和故事

真正的奢侈品,并非什么物质昂贵的东西可以比拟的,一个健康的身体,一个快乐的童心,都不是财富可以购买的。

人的富足,应该表现在精神与见识上,金钱和时间,无须花

费在名牌箱包和衣服上，应该花费在丰富头脑上。名牌，是无法成为气质沉淀在我们的内心的。要想有独特的气质，就要设法让自己的灵魂和身体与最自然的力量接触，可以简单到看书，却也可复杂到修行，唯有如此，我们才能在增长见识的同时，修习自身的独有气质。

智商不高怎么办？没有关系！情商不高怎么办？也没有关系！智商、情商再怎么低，只要做人的格局够大就可以了。简单地说，你可以不聪明、不懂交际，但是一定要大气。如果一点点挫折就让你爬不起来，别人的一两句坏话就让你无法释怀，那么别说干什么事业，可能生存都要在艰辛与波折的环境下进行了。

毫不夸张地说，做人有多大气，就会有多成功，因为宽广的胸怀是成功者的标志。很多时候，信念与我们的基因与遗传是没有关联的，相信这个世界有奇迹，我们的生命才有可能真的出现那些让我们觉得不可思议的惊喜。

自古以来，磨难和贫苦就是锻造有志者的熔炉，只要能经受住这种锻炼，身心就会有质的飞跃；相反，一旦承受不了，就只能一败涂地。换句话说，如果我们无法以平静的心态面对人生中的起起伏伏、风风雨雨，就不可能构建有素质、有涵养的内心世界，也就很容易被多变的社会打败。

我们每个人，自出生之后，随着时间的推移、年龄的增长，会慢慢地走向成熟，在这期间，免不了会经历一些挫折、坎坷，甚至会见识到社会的残酷，更有可能会被一些不单纯的心机利用，这时的我们通常会觉得难以接受。

其实这些都不重要，请不要把它们当成人生中的灾难，也不要被它们所击垮。困苦，从来都是"欺软怕硬"的主儿，你强它就弱，你弱它就会变本加厉地欺负你。如此说来，你还会允许自己软弱吗？当然不会。

生活里的任何困难，我们都可以将其视为人生的磨刀石，它们只会让我们变得更加强大。因此，别把磨难当折磨，良好的心态、淡泊的心理，是培养自己素质与解决问题的根本所在。

心态的"态"字，上面一个"太"，下面一个"心"，心态之所以不好，其实也就是心"太小"了。改变一下心的宽度与高度，把心态摆正，做一个心胸宽广的人，未来必然有惊喜在等着我们。

此外，当我们感到愤怒的时候，也不要急于去攻击他人。受到"屈辱"，不妨先深吸一口气，让自己平静下来，把自己的状态调整好。只有这样才能正视问题，从而解决问题。

任何问题都有解决的办法，不要因别人的只言片语就失掉自己的风度与素质。人在愤怒的情况下是没有任何理智可言的，很容易做出一些不经大脑的决定，最终只会伤人伤己。

假如你无法让自己平静下来，那么你就很可能在失去理智的情况下破坏了好不容易才建立起来的人际关系，这也会使你在众人心中的形象大大受损。然后你失去的，也许不仅仅是你的形象，更有可能是一次努力很久才得来的良机。

恬淡养心

　　有这样一段话，也算是概括了为人处世的一种不凡的境界：得意淡然，失意坦然，为人处世，自然而然，内方外圆，思方行圆，顾全大局，少说多干。显而易见，一个人若能做到这般，称为圣人也不足为过。

　　从这段中，其实也能看出另一层深意，即恬淡养心。恬淡是一种境界，一种诚实而不被当成傻瓜、坦诚而不幼稚的境界。清净淡泊，是为恬淡，其实是一种不追逐名利、寻求内心干净的形态。

　　任何人，无论高低贵贱，也不管身处哪个阶层，如若内心恬淡，对待万事万物都会如水一般轻柔，而这般轻柔，却不会让人觉得是懦弱，反倒有一种不怒自威的威严感自其眼中迸射出来。这是因为这样的人的内心犹似一团火，只不过清净的气质遮住了那股炙热罢了。

　　章小辉一直备受周围所有人羡慕，因为他不仅家庭条件好，学习成绩好，人也长得很帅，走到哪儿，都像发光体一般耀眼，引人注目。不过，优越的条件带给他的并非都是积极的能量，他因为这种优越感而变得心高气傲起来，对师长不尊重，毫无谦虚可言。

　　一天，老师公布了这学期的考试结果，毫无意外，章小辉又得了第一，大家都纷纷称赞他聪明，说他是天才，不然不可能每次都考第一名。不过，只有一个人例外，她是班级里的一个女孩儿。女孩儿没有称赞他，甚至都不看他一眼，这让章小辉有点儿不高兴。他走到那个女孩儿面前，傲慢地开口道："喂，你为什么不称赞我？"

　　女孩儿抬头看了他一眼，笑着说："已经有很多人称赞你了，不是吗？多我一个不多，少我一个不少。"听了这话，心高气傲的章小辉认为是女孩儿看不起他，于是对女孩儿说："哼，我们来比试比试，下一次考试，如果你能超越我，我便不再找你麻烦；如果你考不过我，你就给我退学！"

　　女孩儿一开始并不同意，因为她觉得这根本是一场无谓的争斗，但章小辉不依不饶，女孩儿看着他嚣张的样子实在没有办法，就答应比试一次。

　　章小辉是班上永远的第一名，要超越他是很困难的事情，班里的其他同学都觉得女孩儿输定了。原因很简单，女孩儿平时的成绩一般，怎么可能在很短的时间内超越章小辉？对于其他同学的质疑，女孩儿却并未多说什么。

　　有了和女孩比试这件事之后，原本成绩就不错的章小辉更加努力地学习，课间也不跟其他同学打闹了。女孩儿却没有什么变

化，依然很安静地坐在自己的位置上读书，仿佛忘记了和章小辉的比试。

很快，又迎来了一次考试。待考试结束，公布成绩的时候，大家都认为章小辉赢定了，他自己也是这么认为的。结果却出人意料，第一名不是章小辉，而是那个女孩儿。大家都不明白，为什么平时成绩那么优秀的章小辉竟然会输给女孩儿？

其实，原因很简单，即永远不要看不起那些生活得平平淡淡的人，他可能隐藏着比你更高的智慧。在很多方面，他未必比你差劲儿，所以收敛自己的锐气，把原本的暴脾气改一改，既是提升自身修养的好办法，更是避免尴尬的最佳方式。否则，你很可能会因为自己的一时冲动而无颜面对他人。

在这个世界上，但凡那些具有几近完美人格和高尚品质的人，大都在不声不响中朝着自己的目标迈进，在他们眼中，自己的理想或许不必大张旗鼓地去与人分享，自己按部就班即可。因此，当自己身上有了闪光点后，别总是以此说事儿，终日挂在嘴边，生怕别人不知道。很多时候，你一旦夸张地表现自己，那么最终你会成为一个自负的孤独者。

污物之地，往往生物多生；清澈之水，却难以养鱼。没有绝对的完美，只有相对的完美。无论何时，自命清高、孤芳自赏都要不得。

年轻的我们，无须让更多、更深的滋扰围困我们的内心。为保持内心的纯净，为了"养心"，我们要努力去培养良好的习惯，让自己越来越靠近完美的气质，纵然不求将自己打造得毫无瑕疵，可也以慢慢趋向有修养之人的行列。

激情、阳光、叛逆、张扬……这类词汇成了年轻的我们的标签，但是我们也不要完全排斥宁静、致远、淡泊、恬静、安然……事实上，它们才是一个人终其一生追求的人生境界。

无论何时，无论是谁，永远都不要瞧不起那些看起来很俗的人，若干年以后，他们可能就是最不俗的那个人！这样的现实在生活中比比皆是。也许，你现在是个处于优越环境中的人，很多人都比不上你，在你眼中，他们是那样俗不可耐、平庸至极。甚至你能断言，他们无论到什么时候，都没法"咸鱼翻身"，因为你自以为是地将他们"看透了"。

可是，你可曾知道"三十年河东，三十年河西"的道理？可曾听过"穷不扎根，富不传万代"的俗语？收敛起自己的清高孤傲未尝不是一件好事，因为若干年以后，你或许就会突然发现，那些原本看起来很"俗"的人，一个个都变得不同凡响了。

对于年轻的我们来说，这种经历也并不鲜见。身边某个伙伴在小学的时候，还是一副脏兮兮的样子，说话结巴，走路歪斜。可几年过去了，他可能已经是班里的班长，成绩一流，穿着干净利落，精神头儿十足。这样的小变化，往往藏匿着巨大的变动能量。可能在未来的某一天，眼下你瞧不起的一个人，就会一飞冲天，让你大吃一惊。

心态平和，态度谦逊，是一个人自身素质的体现，而这种素质带动的，即是一个人外在气质的呈现。所谓的"养心"，事实上即是培养态度、改变心境、调节情绪、化解戾气。

战胜骄傲

胜不骄，败不馁。老生常谈的话语总能一次次地刺激我们的耳膜，让我们恍然间想起那些令人脸红的往事。骄傲是人本性中的一个巨大的缺陷，人人都有，只是有些人能战胜骄傲，以谦虚之心抑制，继而会取得更大的成就；有些人则放纵自己，获取成绩的唯一庆祝方式，就是骄傲自满。显然，时间一长，他们的骄傲之感必然不复存在。

骄傲之心，是扼杀一个人清净心灵的刽子手，它甚至能改变一个人的性格，让周围人觉得他很"陌生"。因此，能鼓起勇气战胜骄傲的人，才是自己生命的主宰，才是人生的强者。

山林中的狮子生了病，它对一直与它要好的狐狸说："你如果真心希望我健康，可以继续活下去，你就用你的花言巧语，把山林里最大的鹿给我骗过来，因为我想吃它的心脏。"

　　狐狸沉思着，来到了树林，它看见高兴得活蹦乱跳的大鹿，于是向它问好，并对它说："我告诉你一个喜讯，你知道吗？狮子国王是我的邻居，但是它现在病得很严重，正在考虑森林中谁能继承它的王位。它说，野猪愚蠢无知，熊懒惰无能，豹子凶暴残忍，老虎骄傲自大，只有大鹿才最适合当国王，鹿的身材魁梧，年轻力壮，它的角会让蛇害怕……"说完，狐狸叹了口气，不等大鹿说话，又接着说道："我何必说这么多呢？你一定会成为国王，这个消息是我第一个告诉你的，你要怎么回报我？如果你信任我，听我一句话，赶快去为它送终！"

　　本来就头脑简单的鹿，经狐狸这么一说，乐得屁颠屁颠的，根本没空儿想事情的来龙去脉便走进山洞，丝毫没有想会发生什么不测。

　　狮子见到鹿进来，猛地朝它扑了过来，用爪子撕下了它的耳朵。鹿一惊，赶忙反抗着，又是蹬又是踢，总算捡了条命，匆匆忙忙逃回了树林里。这下，狐狸算是白忙活了一场。

　　回到山洞，狐狸两手一摊，向狮子表示自己没有办法了。狮子忍着饿，叹息起来，懊悔刚才没有抓住大鹿，于是它请求狐狸再次前去，用狡猾的办法再次把鹿骗来。狐狸说："你吩咐我办的事情真的太难了，不过，放心吧，我仍然会尽力帮你办好。"狮子十分感动。

　　来到树林，狐狸像是猎狗似的，到处嗅着大鹿逃跑时的足迹，心里不断盘算着坏主意。

　　它问牧人是否看见一只带血的鹿，牧人说鹿朝树林里跑去了。

这时，鹿正在树林里休息，老远就见到了狐狸，它愤怒地对一肚子坏水的狐狸吼道："坏东西，你休想要再次骗我，我已经有经验了，你再靠近，我就不让你活了，你去欺骗那些没有经验的动物吧，叫它们去做国王！"

狐狸眼珠一转，说："你怎么那么胆小，你难道怀疑我——你的朋友吗？狮子抓住你的耳朵，是想给你临终前的一些忠告和指示罢了，你却连那衰弱无力的一爪都受不住。现在狮子对你十分生气，要将王位传给狼，狼可是一个坏国王。快走吧！我对你起誓，狮子是不会伤害你的，我也会专门服侍你的。"

听狐狸这么说，鹿有些犹豫，但还是相信了。就这样，可怜的鹿再次被狐狸欺骗了。

这一次，鹿刚一进山洞，守在一旁做好准备的狮子就上前一把抓住了它。这次，可怜的鹿没能逃掉。

当鹿的心脏掉下来的时候，狐狸悄悄地一把将它拿过去，当成自己的辛苦酬劳吃掉了。狮子吃完之后，仍然没有看到鹿的心脏，于是到处寻找。狐狸说："不用找了，鹿是没有心的，你不用再找了。两次送到山洞来给狮子吃的家伙，怎么会有心？"

故事中的鹿是可怜的，也是可悲的。它被自己爱慕虚荣的心蒙蔽了双眼，放松了警觉性，所以才会两次送上门让人饱餐。贪慕虚荣，不辨真伪，最后给自己招来的只有灭顶之灾。

我们经常把别人的声音，误以为是自己的声音，这是错误的。别人的声音来自他自己的想法，我们的声音，来自我们自己的决定。因此，我们要善于屏蔽身边的杂音，多听听自己的心如何做决定。

　　我们可以听取他人的意见，但是，应该遵循自己的心去做事情，这样才不至于被人牵着鼻子走。

　　虚荣来自心底的另一种骄傲，一种自以为可以承担一切后果的骄傲。殊不知，当危机真正出现之时，我们的骄傲就成了他人对我们的最大嘲笑和讽刺。因此，战胜骄傲，摒弃虚荣，是任何一个阶段的人都务必牢记在心且力求做到的。

　　身在校园的我们，在成绩上优异，在比赛中胜出，都会让我们心灵深处的骄傲和虚荣慢慢滋生。一旦我们放松警惕，这两个不易被察觉的"家伙"就会慢慢吞噬我们内心原本的谦逊和谨慎，最终很可能让我们一败涂地。因此，保持警觉性，对每一次成绩淡然处之，一种由内而外散发的独特气质即会"立显吾身"了。

不与人争

"不与人争"是一种人生境界,对大多数人来说是很难做到的。生活中,我们都希望自己过得比别人好,学习上,我们也力求名列前茅,这都是"争"的一种表现。不过,不争,有时也不意味着放弃理想、消磨斗志,不争是一种洒脱面对人生的姿态,是一种选择自然而然、不强求结果的心态。

常有人渴望自己达到某种人生高度,于是透支着身体、损耗着生命,强行让自己成为某个理想中的状态。只是,这样一来,他们就等同于打破了身体本身的自然机能,使得自己总是在"被驱赶"的情形下生活,这会使其身心俱疲,最终可能一事无成。

不争,是一种顺其自然的态度。年轻的我们朝气蓬勃,对未来的憧憬决定了我们面对一切困难都选择迎难而上。其实,每逢这种时候,我们不妨学着"不争",不去强行运用身体、智力,要在一个平衡的状态下稳步向前，相信如此，我们会更为轻松地拓展出壮丽的未来。

"东汉二十八宿将"之一的冯异，是汉光武帝刘秀麾下一员赫赫有名的武将。冯异伴随刘秀南征北战两年后，刘秀看出了冯异非等闲之辈，便直接分拨出一批人马，交由冯异领导。冯异果然不负所望，很快便立下赫赫战功，于是被刘秀封为应候。

刘秀手下有许多骁勇的大将，冯异在其中能脱颖而出，全仰赖他在治军方面颇有方略。他善待兵卒，兵卒拥戴他也就是自然之事了。故此，每逢战役，冯异的部队大多一马当先，这更提高了冯异在刘秀心中的地位。

那时，一次战役结束后，刘秀都会对将士论功行赏，每到这时，差距便出现了。其中一些将官大有"沽名钓誉"之嫌，争抢功劳，大呼小叫，甚至亦有拔剑对峙的情形出现。每每这时，冯异却安安静静地坐在大树之下，毫不吭声，只凭刘秀定夺。因此，冯异得了一个"大树将军"的称号，他的名声也于军中传遍，无人不知。

一段时间后，刘秀称帝。身为帝王的他，开始以平定天下、安抚百姓为己任，希望早早结束各地纷乱，一统江山。几番思量，刘秀任命冯异为征西大将军，率领军马自洛阳向西进发，先将关中地区平定。

冯异领命后，按照刘秀的指派迅速行动。短短几个月的时间，冯异便成功平定战乱，圆满地完成了刘秀交付的任务，再一次立下战功。

随后的一段时间里，冯异成为刘秀大军的先锋官，而其所到

之处，几乎不多时日便可安稳，这使得其名声更胜往日。

俗话说，树大招风，冯异屡立战功的背后，有一些小人的恶语中伤。有人在刘秀面前吹风道："冯异现在领兵在外，名声大得很。冯异到处收买人心，排除异己。咸阳地区的百姓都称他为'咸阳王'，陛下可得提防啊！"

刘秀听了这些话，并无任何行动，他原封不动地将话说给了冯异听。冯异了解后，当即上书以示清白，希望刘秀切勿听信他人谗言。

身为帝王的刘秀，绝非昏庸之君，他当初将挑拨之言说给冯异，也源于对冯异的信任，让他知道有些人在背后使坏。若刘秀当真是昏君，怕是不分青红皂白，早已将冯异召回赐死了吧。因此，他看到冯异上书后，很快回信给他："冯将军，你对国家和朕来说，从礼仪上讲是君臣关系，从恩情讲就如同父子之间的关系，你不必介意奸人的话。"

刘秀所言非虚，而且他为了让冯异安心，特地派人将冯异的妻儿都送到咸阳，并赏赐他更多钱财，也给了他更大的权力。这一切，都让冯异铭记于心。如此，冯异直至离世，都恪尽职守，一直尽忠为国，从未恃功矜能。他的"不争"，让他成为历史上帝王身边少数善终的大将军。

不争，即是不与一切外物相争。能够做到不争的人，是一定能收获人生喜悦的。

对此，有些人可能持有否定态度。不争，那不就是放弃了本应该属于自己的一切吗？若没有一个好胜的心态，世界上哪里有那么多企业家、富翁、名人？

这样的质疑有其道理，但是，我们不妨细心思考，那些物质丰足的人，都是拼尽自己的人生才获得了一切吗？若有机会与这些人接触，你就会发现，他们是仁爱厚德的，他们是随遇而安的，他们谨守着自然之道，一切顺其自然，决不刻意强求。不争不是不努力，更不是放弃，而是静下心来，把自己的能力逐步发挥出来，甚至发挥到极致，到那时，属于我们的自然会围绕在我们身边，不属于我们的，即会以别的方式远离。

身在校园的我们，所能接触的不争可能有限，年轻的我们也不要理会错这层含义，切勿把不争解读为：不去努力考取更好的成绩，业余的一些比赛也不求名次排列，一切得过且过。显然，这是对不争最错误的理解。

年轻的我们，有自己对世界认知的方式，这种认知应该是健康、积极、阳光、向上的。不要把享受作为人生的唯一目的。

提升自我，淡化心灵，胸怀理想，以平和的态度面对那些已经发生和未曾发生的一切，就自然会获得一个完美、丰富、精彩的人生。

第二辑

自信的态度

态度决定一切

扬出自信的魅力

我就是奇迹

自信是最强大的武器

告诉自己"我能行"

自信源自勇气

态度决定一切

态度决定一切。同样的事情，很多时候因态度的不同，结果也就不同，所以才有很多同样的人做同样的事情，结果却天壤之别。

每个人无论对待什么人、什么事情，想要与他人有好的交流、把事情做好，首先就要把态度端正。有端正的态度，在做一件比较棘手的事情时，纵然最终难以解决问题，至少可挖出问题症结之所在；相反，能力不错，态度不端正，面对简单的问题也可能束手无策。

摆正态度，是个人修养的一种呈现。一个素质极高的人，在面对任何人、做任何事时都会热情饱满、姿态端正、认真负责，凡事必定全力以赴，因为他需要得到别人的肯定。或者说，因个人修养的使然，他不习惯马马虎虎、三心二意。

可见，我们做事成败的关键就在于自己的态度。更重要的还不是我们做事前的态度，而是在做事的过程中，遭遇挫折、面对困

难时，我们是否有一个自信的态度。

一群大学生毕业参加面试，一个跨国公司高薪招聘人才，群英会集，为此，董事长亲自对面试者进行面试。试题很简单，应聘者一个个满怀希望。可是，结果是出人意料的，那些研究生、本科生甚至硕士生，居然没有一个应聘上。最后，这些人失望离去。

这时，最后一名应聘者进入办公室，他看见地上有团纸，于是毫不迟疑地捡起那团纸准备丢进垃圾桶。此时，考官兴奋地站起来，对他说："朋友，你先别丢，请你打开看看里面写的是什么。"应聘者满脸疑惑，他打开纸团，只见上面简简单单地写了一句话："欢迎您来到我们公司任职。"几年后，这个捡纸团的应聘者成为这家大公司的高层经理人。

古往今来，细节决定成败的例子屡见不鲜，却还是有很多自以为文采满腔的人没有越过这个坎儿。

"泰山不拒细壤，故能成其高；江海不择细流，故能就其深。"三百六十行，无论做什么，细节都决定着成败。这种细节，即是一个人的态度是否端正的最完美体现。

海尔总裁张瑞敏在谈到海尔集团的员工与日本员工在敬业精神、责任心等方面的差距时，有一个经典的说法：如果让一个日本员工每天擦桌子6次，那么这个日本员工一定会不折不扣地执行，每天都会坚持擦6次；可是如果让一个我们的员工去做，那么他在第一天可能擦6次，第二天可能擦6次，但是到了第三天，可能就会擦5次、4次、3次，到后来，就不了了之。与日本员工的认真、精细比较起来，我们的员工确实有大而化之、马马虎虎的毛病，以致社会上"差不多"先生比比皆是，好像、几乎、似乎、将近、大约、大体、大致、大概、可能是等成了"差不多"先生的常用词。

可见，忽视细节、漠视细节、拒绝考虑细节是一件事功败垂成的主要原因。显然，这也是态度不够端正的具体体现。

迪布·汤姆斯在获得赫纳肖亚尔加奖项的时候，有人问他："出生在哪里？"他的回答让所有人都意想不到："我也不知道，大概是亚特兰大市，我不知道我的父母是谁，我是个孤儿，由养父母带大的。"然后他只记得自己带着几美元踏进了这个社会，换了好几份工作之后，最后选择在一家快餐厅当实习服务生。因为既聪明又勤快，很快餐厅的主人就将小店交给他打理。

起初，他也没办法一下子让快要倒闭的店铺起死回生，于是他精简了菜式，果然，店里的生意渐渐好转。后来，因为他喜欢吃汉堡，所以用自己赚来的积蓄开了第一家汉堡店，这家汉堡店以他女儿的名字温蒂命名。后来，小店声名远播，渐渐成了规模。

能让一间小店迅速地发展起来，他靠的就是一丝不苟的态度。在他的干劲儿和信念之下，温蒂快餐店已经多达 3200 家，在快餐界成为翘楚。

可见，一个人的工作态度会折射出一个人的人生态度，人生态度则决定了一个人的一生成就。

每个人的生活和工作都需要努力与热情，但不是光有这些就可以成功。在面对各种复杂的问题时，我们的态度决定了我们的选择，而我们的选择又决定了我们的思路，于是思路就决定了一切。

制约成功的因素多种多样，但态度无疑是最重要的因素之一。

有人曾做过不下万人次的调查，之后惊奇地发现了成功与态度的规律：成功的第一要素与态度有着直接的关系，积极、果断、主动、决心、恒心、毅力、奉献、信心、乐观、恒心、雄心、爱心等主要因素大概占80%左右；第二要素，属于后天修炼所得，叫技巧，如善于处理人际关系、口才好、有远见、有创造力、工作能力强等，这类要素大概占13%左右；第三类属于客观要素，如运气好、机遇、环境、长相好、天赋等，这些大概占最后的7%左右。显然，一件事成功与否，与主观因素，即态度的关联甚大。

关于这一点我们知之甚详，试问谁能在"吊儿郎当"的情况下成为一个成功人士呢？做任何事情，关键在于我们的态度。

态度决定一切，这是毋庸置疑的，无论现在的我们处在怎样的环境中，心中都不该有消极悲观的情绪萦绕，能主动剔除消极、趋向积极，这也是端正态度的一种表现。

扬出自信的魅力

　　一个人是否有魅力，决不局限于长相是否出众。一个人真正的魅力，是由内而外散发出的自信气质，这种气质会感染周围的人，甚至在一个陌生的环境里，他也能一枝独秀。

　　不管在何种环境中，重要的即是留住心底的那份自信。一个缺乏自信的人，纵然手里握着再大的机遇，也极可能因为自信心不足而错失良机；反之，一个信心满满之人，可能就会凭借自己的努力创造出无数的机遇，终而走向成功。

　　每个人都希望自己是魅力四射的，自信的魅力却可以看成是主导一切其他魅力的基础和原动力。因此，我们不必畏惧困难，无须向挫折示弱。找回自己的信心，扬出自信的魅力，你的未来就尽在你自己手中！

　　有一个女子，她生了一对双胞胎女儿。虽然是双胞胎，但是

两个孩子的长相让人百思不得其解：其中一个女儿很漂亮，另一个女儿却奇丑无比。同时，更让人摸不着头脑的是，这对双胞胎的性格也是截然相反的：一个女儿外向，一个女儿内向。

漂亮的女孩儿集万千宠爱于一身，无论是家人还是亲戚朋友，都非常疼爱这个如同瓷娃娃一样的漂亮女孩儿，要什么给什么；那个丑陋的女孩儿却遭到了众人的嫌弃，无论她做什么，大家看着都不顺眼。

同是一个母亲所生的两个女孩儿，在相同的环境中却受到了截然不同的两种待遇。就这样，她们慢慢地成长着。

随着时间的推移，漂亮的女孩儿变得更加漂亮了，无论她走到哪里，身边总是围绕着很多人，而她自己也非常享受这种感觉。于是，由此而带来的改变是：她的性格慢慢地变得高傲无比。很多时候，她的高傲会刺伤身边的人。身边的人逐渐对她有了一些意见。

丑陋的女孩儿呢？无论身边人对她怎么不好，她却总是与人为善，为人处世落落大方。更重要的是，她自己从未觉得自己丑陋，走路总是昂首挺胸，给人一种自信满满的感觉。就这样，丑陋女孩儿这种内心的纯善，让她从心底散发出了别样的美丽。慢慢地，大家也忽略了她的外表，开始被她内心的善良所吸引。

有一次，漂亮的女孩儿问母亲喜欢她们之中的哪一个，母亲想也不想就说她比较喜欢长得不漂亮的那个女儿，也很疼她。漂亮女孩儿不明白，她问母亲原因，毕竟自己长得很漂亮，而且很多人都喜欢她，可自己的母亲为什么不疼爱自己呢？

她的母亲告诉她："因为你总是炫耀着自己的美丽，太过骄傲，所以即使你脸蛋儿再漂亮，你的内心也是丑陋的。而长得不漂亮的人，正因为长得不美丽，没有漂亮的脸蛋儿，这让她变得谦卑有礼，尊重他人，没有傲慢的想法，所以即使她长得再丑，人们也会被她善良的心所感动，这让她变得异常美丽，这也是她从内心散发出来的魅力。"

漂亮女孩儿虽然脸蛋漂亮，但是内心不美。她太过骄傲，而这种骄傲，会慢慢地让她原本因美貌得来的赞誉一扫而光。相反，长相丑陋的女孩儿，内心善良，谦虚有礼，更关键的是，她自信满满，其实也正是这种自信，让她身上散发出一种吸引人的气质，从而使得更多人愿意亲近她。

《菜根谭》里面有这样一段话：名利与欲望未必会伤害自己的本性，而刚愎自用、自以为是的偏见才是残害心灵的毒虫；淫乐美色未必会妨碍人对真理的探求，而自作聪明才是修悟道德的最大障碍。可见一个人如果一味刚愎自用，失去的不仅仅是身边人的支持与认同，也会失去自我，所以要时刻看清自己，反省自身。

拉劳士福古说："我们对自己抱有的信心，将使别人对我们萌生信心的绿芽。"故事中丑陋的女孩儿在外表上毫无优势可言，尤其是在面对陌生人的时候。很多人因为对第一印象的理解局限于外表和语言，尤其是外表上，所以导致大多数外貌平平者痛失机会，内在的才能无法施展。

值得一提的是，在那些失意者中，有一小部分人不甘服输，他们充满自信，即使别人对其不肯定，但他们首先在自己这关一路畅通。周身上下散发着自信魅力的他们，就会以更饱满的姿态迎

接挑战。一次不成，便有第二次、第三次……因为他们相信自己，时刻鼓励自己，所以到了最后他人就可能被他们这种精神所感染，于是他人对他们也就有了信心。

自信的人是强大的，是不可战胜的。古往今来，那些成就伟业之人，无一不是对自己信心十足者。在这个过程中，一定有很多人曾告诉他们：你不行。他们最终却用自己的行动反驳了那些质疑者。

很多时候，我们不能有所成就的最重要的一个原因，即是不相信自己，或者说，我们更愿意相信别人对自己的评价，觉得那才是中肯而客观的。只是，你是否曾想过，如果来自他们的点评会对提升自我内在修养大有裨益，那么我们每个人需要做的，可能就是整天坐在那里，对别人评头论足了。

我就是奇迹

　　对自己充满自信的最直接表现，就是相信自己可以做任何事，无论事情多困难。也许某件事情在别人眼中是根本不可能实现的，但是自信会让我们有勇气去尝试。也可以这样说，勇于尝试，其实就是自信的直接体现了。

　　坚信自己是这个世界上的奇迹之人，实在凤毛麟角，这也是成功者稀少的根本原因。当然，每个人对成功的理解不尽相同，未必成为家喻户晓的人物就是成功。或许有人觉得，一日三餐、吃饱穿暖就是成功了。纵然如此，三餐也需要努力赚取，而一个不自信的人，大概连这起码的保障都难以维持了。

　　坚信我是奇迹，是超强自信的展现。当一个人时刻都能真心而严肃地在心里一遍遍地对自己说"我就是奇迹"的时候，心智就会发生巨大的变化。久而久之，这样的心理暗示即会让人真的相信

自己有超乎常人的能力，而事实上，秉持这种心态去面对一些难题时，也极可能会收到意想不到的结果。

一个年轻人，他遇到了很多麻烦，痛苦不已。为了打开心结，他去教堂找到了牧师，把自己的情况都告诉了牧师。牧师听完，就把他带到一间简陋的小房间里。

这是一间旧房子，尽是灰尘。在屋子中央，摆放着一张桌子，桌子上有一杯水。牧师告诉年轻人，一定要仔仔细细地看看那个杯子。

年亲人满脸狐疑，看了看牧师，又看了看杯子，不大明白牧师的意思。不过，他还是听从了牧师的安排，坐在那里仔细地端详起杯子来。年轻人看着杯子，脑海里一片空白，他不知道自己能从这杯水上看出什么。

过了一会儿，百无聊赖的年轻人突然想到了什么。他的双眼一下子亮起来，再无暗淡之色。他想到了！屋子里灰尘很多，可是这杯水的表面却没有灰尘，那些灰尘都已经沉到了杯底。

年轻人开始明白，如果要想让那灰尘落到杯底，不停地摇晃于事无补，而且会让原本开怀的心境受到影响。可是，如果就静静地对待，沉淀下来，以更多的激情面对眼下，"杯子里"的灰尘即会慢慢地沉到杯底了。对于人生而言，即是现在都建立在过去之上，如果要让自己的现在开怀，那么就得让更多的不愉快沉淀在过去。

或许也可以这样说，只要相信自己能渡过人生中的每一道难关，不放弃自己，永远活得有朝气、有激情，那么原本就独一无二的自己，必然能创造出只属于自己的奇迹。

小雨是班上品学兼优的三好学生，经常受到老师和同学的赞美，但是，她并不开心，她有一个缺点，那就是自卑。小雨的家庭环境并不好，父母务农，好不容易才供她上了大学。这所学校在市里排名也是数一数二的，所以学校里不乏富家子弟。于是，每当因为学校资助贫困生而点到她名字的时候，周围的同学总能看到她深深埋下的头和一并升起的自卑感。

　　一次，学校选举参加省举办的表演比赛。出人意料，小雨被学校挑中了，而且出演主角，这个结果让全班同学都为之高兴。只是当周围的同学都衣着光鲜的时候，身处其中的小雨就显得格格不入了。无论从穿着上看，还是从佩戴上讲，小雨跟那些富家子弟相比简直是天地之差，也因为这样，在一些时候她会被嘲笑成是"土包子"。来自同学的嘲笑，让她又一次产生了自卑胆怯的心理，结果在排练的时候，她演得差极了。

　　这一天，排练到一半时，导师突然停下来说："这场剧是全局的关键，如果女主角仍然演得这么差劲儿，整个戏便不可以再排下去了，学校将取消这次比赛，主动认输！"

　　听完导师的话，全场一片寂静，小雨更是一句话也没有说，她耷拉着脑袋，周围的人谁也不知道她在想什么。没过多久，还没等导师表态，她突然抬起头，用坚定的语气对导师说："导师，请您再给我一次机会！"

　　此后的小雨，就好像变了一个人似的，她一扫之前的自卑、胆怯和拘谨，演得非常自信、非常真实。结果，毫无意外，小雨成了那次比赛的第一名。

很多时候，只要选择相信自己，远离内心冒出来的自卑、胆怯、懦弱、消极，一个人就可能做出让人意想不到的事情。而对他本人来说，冲过了这道障碍，整个人也会宛若脱胎换骨一般，获得重生。

相信自己是奇迹，是自信的体现，更是内心斗志昂扬的体现。有这样一段关于自信和自卑的句子，很令人受教，在此引用：

晏子自信，所以出使成功；海瑞自信，所以朝中无人不佩服，三贬不死；郑和自信，所以七下西洋成功；岳飞自信，所以打败金兵无数；玄奘自信，所以西行成功；林则徐自信，所以销毁了害国的鸦片，受到百姓称赞；李时珍自信，所以写下《本草纲目》；毕升自信，所以发明了印刷术；郑成功自信，所以收复台湾。这些都是因为坚持，因为自信，因为他们坚韧。

但是，许许多多本来可以成为杰出人才的人都被埋没了，被什么埋没的？就是因为自卑！因为自卑，就没有勇气选择奋斗的目标；因为自卑，在事业上就不敢出人头地；因为自卑，就失去了战胜困难的勇气；因为自卑，就得过且过，随波逐流。因此，可以毫不夸张地说，自卑就是自我埋没、自我葬送、自我扼杀！一个人要想写下无悔的青春，要想写出人生瑰丽的诗篇，就要摆脱自卑的困扰，点亮自信的明灯！

爱迪生曾说："自信是成功的第一秘诀。"一个不自信的人，给予他再多外在优越的因素和促成成功的条件，他也会一败涂地。而一个自信的人，相信自己就是奇迹并可以创造奇迹之人，纵然有千难万险，他也会一跃而起，创造出更多条件来服务于自己的成功。

自信是一种难得的气质，更是一种需要所有人终其一生去培

养的气质。年轻的我们，本身就处在人生的"自信期"，我们需要做的不是保持自信，而是将自信逐渐放大，放大到它真正属于我们身体的一部分，成为我们的一种气质。

自信是最强大的武器

自信，犹如一根柱子，能撑起一房之瓦，成为顶梁柱；自信，犹如一片阳光，能驱赶失去自我的阴影；自信，更是平凡者的助推器，能让平庸改头换面，成为不朽和神奇，甚至可以化渺小为伟大。

在这个世界上，再也没有什么比自信更能让一个人迅速找回自我。因为自信，是主观能量，是驱使一个人慢慢走向成功的牵引力。外界的环境再优越，也比不上自信的获取。

自信是远帆的风帆，是通往成功必不可少的重要因素。一个人，一旦没有了自信，就会失去前进的动力，就会原地踏步，就会失去探索的勇气，从而一蹶不振；相反，拥有了自信，就可以产生强大的内驱力，燃出智慧的火花，最终驶向成功的彼岸。

自信，不是盲目，不是对自身能力的错误判断，而是对自身能力的准确认知。拥有自信的人，才能为自己的梦想插上一双翅膀，最终翱翔于天际。

史蒂夫·凯斯曾是商界一位叱咤风云的人物，年幼时的他就有远大的志向，想要自己开一家公司。对于他的志向，父亲曾笑话他说："凯斯，你只是一个什么都不懂的小孩儿，别整天做白日梦了！"

对于儿子的志向，一向疼爱他的母亲也奉劝道："凯斯，你想开公司，我不反对，但你必须等到 18 岁以后，因为你现在根本没有那个能力。"

听了父母打击的话，凯斯很不服气，他理直气壮地说："没有试过，你们怎么知道我不行呢？"

就这样，年纪轻轻的凯斯就悄悄地实行着自己的计划。对于孩子的话，大人们总是当成玩笑的，凯斯的父母也只是觉得儿子在说着玩儿。可没过多久，让他们意想不到的事情发生了，凯斯和哥哥当真开了一家公司，取名为"凯斯企业"。

这家公司，主要的业务是上门服务，即推销各种产品。产品来源，自然不是真的去进货，而是亲朋好友们不要的东西，或者是他们自己制作的简单玩意儿，诸如"手表、玩具、圣诞贺卡"之类。

凯斯和哥哥的公司，经营的产品种类并不多，利润空间很小，好在销路甚广，于是两人在其中也赚了不少钱。当凯斯把赚到的钱拿到父母面前时，他们惊呆了，根本不相信这是自己的儿子开公司赚的钱。也就是从那时候起，凯斯再也没听父母说过"你不行"、"你还只是个小孩儿"之类的话。

凯斯大学毕业后，没有像其他同学一样进入政府机关或学校，

而是思考着怎么进入宝洁公司，而且他是冲着经理这个职位去的。了解到他的想法后，他的同学劝他："宝洁公司可是一家大公司，要求非常高，咱们刚刚跨出校门，最好还是将目光放低些，免得期望越高，失落越大。"

凯斯不听奉劝，执意前往。结果应验了同学的话，他是所有应聘者中第一个被拒之门外的。谈及拒绝的理由，其实很简单，凯斯刚毕业，没有经验，而且学政治专业的学生怎么能去做营销呢？对此，凯斯表示自己还没有被试用，怎么能说不行呢？可还是被拒绝了。

凯斯很不服气，直接去了宝洁公司的总部——俄亥俄州辛辛那堤。凭借着自己的冲劲儿，凯斯居然得到了助理品牌经理的职位。

27岁时，凯斯梦想着开一家与微软和苹果一样规模的大公司。对于他的梦想，身边很多人嗤之以鼻，觉得他实在是异想天开。凯斯却不以为然地说："没有试过，谁又能说我不能成为第二个盖茨和第二个乔布斯呢？"

很快，凯斯就落实了自己的梦想，与人合开了一家名为"量子"的计算机信息数据公司（后来更名为"美国在线"），业务主旨是为计算机用户提供在线信息服务。

当时，很多业界人士都不怎么太看好"美国在线"，都觉得凯斯是外行，所以单方面认为他们的公司也不够专业。凯斯却很有信心，他的信心源于自己对市场的判断。在他看来，多数电脑公司都只看重技术，却忽略了消费者。

考虑到这一点，凯斯将重心放在了怎样为消费者提供优质、舒适、快捷的服务上，并不过分看重技术。凭借这一点，越来越多的消费者都开始了解"美国在线"，更知道它会为消费者提供方便。

凭着这一在当时来讲十分独特的经营理念，"美国在线"在短短二十余年时间内便声名鹊起，成为了全球第七大公司，市值超过了 1600 亿美元。

凯斯一生接受过无数次挑战，遭遇的困难亦是数不胜数，可每一次他都用自己的实际行动证明了"没有我做不到的"这句话。不轻言放弃，永远相信自己，是敦促着凯斯逐步走向成功的决定性因素。

拥有自信的人，即是拥有这个世界上最强大的武器之人。拥有自信，就更有勇气去战胜困难、走出逆境。

"自信人生二百年，会当击水三千里。"这是毛泽东早期所写的一首诗中的诗句，从诗句中可见他的信念和志向。

每个人的人生道路都不可能一帆风顺，时起时落、浮浮沉沉才是人生常态。也恰恰是诸多令人难以克服的磨难，才成就了一些人。他们足够坚强、足够自信，从不向困难妥协，从不向命运低头。自信，是一种从宁静到无所畏惧的坚定，是一种面对厄运处境不变的坦然和镇定，是一种智慧的境界。

自信是一种从心底生出的力量，它可以击垮一切经由苦难、辛劳、挫折包装而成的外衣，还以事物本来的面貌。自信满满之人，无论身处何种逆境，都会表现得极为平淡。就像凯斯一样，对待挫折的最佳方式，就是"迎头痛击"，决不给它留有壮大的机会。

　　年轻的我们，不管在校园还是家庭中，也一定有丧失信心的时候。此时的我们，不必顾忌太多，不必看周遭大环境对我们的"威逼"，应该有李白"天生我材必有用"的心境，重拾信心，迎难而上，朝着自己设定的方向一路向前！

告诉自己"我能行"

　　生活本身充满种种挑战，从来不会让人们一帆风顺。在同一片天空下，有的人乘风破浪，无所畏惧，遭遇前所未有的困难也未曾低头，始终坚守内心的那份纯粹。他们是有理想的，是有勇气的，是有毅力的。更重要的是，他们借由勇气而生出了超乎想象的自信。于是，我们会看到，这类人总能在看似平常中成就伟业。但事实上，他们无一不是经历了艰难困苦的，只不过他们超强的自信心给予了他们无尽的勇气，让他们能一往无前。

　　而有的人呢？则恰恰相反。他们缺乏自信，总把"我不行"挂在嘴边，连尝试的勇气都没有。在他们的世界里，"平庸"是一种最常见也最应该存在的生活状态，生命之于他们，没有奇迹可言，只有得过且过。这样的人，只会羡慕别人头上的光环，灰心、丧气、绝望成了他们心头最醒目的标签。显而易见，他们的脑子里从没出

现过"我能行"三个字，他们总是在小小的困难面前裹足不前。

"我能行"，是一个人挑战世界的决心和勇气，更是实力与自信的象征。时刻在心里告诉自己"我能行"，我们就会鼓起万分的勇气，全身的血液也会沸腾起来，因为这种来自骨子里的自信点亮了我们身体的每一个细胞，使得我们可迎难而上、勇往直前！

约翰·施特劳斯是奥地利著名的作曲家，其在世界范围内都颇负盛名，他因创作出圆舞曲 400 首而被誉为"圆舞曲之王"。这样一位音乐巨匠，对音乐领域而言，显然是不可多得的人才。施特劳斯能够闻名天下，除了他自身的音乐天赋以及刻苦努力外，与他那心灵深处自然散发的自信气质密不可分。

1872 年，为求在创作上积攒更丰富的素材，施特劳斯进行了一次外出旅游。这天，他抵达美国。那时的施特劳斯已名气很大，美国当地的一些音乐团体得知他到来后，便盛情邀请其指挥在波士顿举行的一场音乐会。施特劳斯二话不说，当即答应了，然而在具体商谈演出细节时，施特劳斯的助理不禁惊呆了。

原来，这是一个规模宏达的音乐会，美国人骨子里"异想天开"的因子，决定了他们总会去尝试一些"不可能"。这一次，他们想借助音乐大师施特劳斯之手，创造音乐领域的一个奇迹。

这次音乐会的参与者多达两万人，空前盛大，想要完美地指挥这么多人并非易事，毕竟，指挥几百人的音乐团队已属不易，更何况是两万人呢？这简直是一件不可能完成的任务。

施特劳斯的助理为此忧心忡忡，担心这次会搞砸。可是，施特劳斯在听完了对方对整个计划的介绍之后，居然语气轻松地说：

"这个计划确实太激动人心了，本人愿意让它早日变成现实。"随后，他便与对方签订了演出合同。

很快，施特劳斯参与音乐会的消息不胫而走，业界一片哗然，人们都想亲眼看看他怎么来实现一人指挥两万人演奏的。

那天，音乐大厅座无虚席，观众们拭目以待。只见台上的施特劳斯一如往常，十分自如且优雅地指挥着两万人齐奏。当两万件乐器同时奏响时，在座的观众鸦雀无声，都听得如痴如醉，他们无一不为施特劳斯的精妙指挥而惊叹。

事后，人们更热衷于探究施特劳斯如何做到从容地指挥两万人一起演奏的。原来，施特劳斯在演奏之前已经做好了完全的准备，他下设了百名助理指挥，这些人都听命于施特劳斯的信号。当台上的施特劳斯手持指挥棒优美地挥舞时，这些助理便随即相应地指挥起来。如此，就实现了两万件乐器齐鸣，合唱队的和声也随即附和的宏大场景，这真是世上少有的壮观音乐场景。

毫无疑问，施特劳斯能完美地指挥两万人演奏，他高超的技能以及聪明的头脑是重要的前提。但是，在挖掘他演出成功背后的因素时，有一点是显而易见的，那就是他有着超乎常人的自信。

爱默生说："自信是成功的第一秘诀。"马尔顿说："坚决的信心，能使平凡的人们，做出惊人的事业。"是的，一个自信的人，总能把看似不可能变成可能。施特劳斯的成功，就在于他毫不怀疑自己，充分相信自己能做好，能成功，这种来自心灵的力量，是比技能和智慧更强劲的。

自信作为一种人们由内而外散发出的气质，不同于外在形象

那般让人一目了然，它需要在人们触碰具体事件上才可表现出来。身在校园的我们，要具备这种气质，首要的目标即是逐步提升自己的技能。虽然技能再强的人若没有自信，也会功亏一篑，可单有自信而没有技能作为依托，这种气质就变成了"纸上谈兵"般的空壳了，毫无实用价值。

无论在校园还是生活中，我们都要保持一颗平和之心，这是让自信萌芽、茁壮的最佳心境。

时刻告诉自己"我能行"，是对未来人生之路充满希冀的表现，更是敦促当下的我们脚踏实地、逐渐积攒自身能量的关键。

自信源自勇气

　　对于自信到底源于什么，很多人莫衷一是。有人说，自信来源于实力；有人说，自信来源于靠山；也有人说，是因有了勇气，所以一个人才变得自信。不一而足的说法，并没有哪个是错误的，这都是自信萌生的一个方面，或是产生自信的一个方面。

　　无论哪种情况，把自信归为因勇气而来，是有道理的。一个有勇气去战胜困难的人，他在与别人接触时，也总会于不经意间传递出那份有别常人的自信。

　　歌德曾说："你若失去了财产——你只失去了一点儿，你若失去了荣誉——你就丢掉了许多，你若失去了勇敢——你就把一切都丢掉了。"毫不夸张地说，一个人勇气的丧失，就是其"灵魂"的丢失。

　　勇气，是你尝试去做未做过之事的底气，它宛若一位慈父，

替你遮风挡雨，看着你苗壮成长，变得坚强无畏。当你可以自如地运用这份勇气时，你也就有了更强的自信，在日后的人生道路上，无论遇到何种困难，都能化腐朽为神奇，排出一切障碍，直到达成心中的理想。

19世纪末的某一天，一场规模不大的演出在伦敦的某个游戏场上演。演出团队似乎缺乏经验，因为台上的演员只唱了两句突然就唱不出来了，不知是忘词还是什么原因。霎时，台下观众乱成一片。演员表演的失误让观众们有些恼怒，大家都叫嚷着退票。演出团队的老板一看事情不好，便急急忙忙地打着圆场，并迅速寻找可以替代的演员救场。可寻找了一圈人，也找不到更适合的。

这时，一个5岁的小男孩站了出来，对老板说："老板，让我试试，行吗？"

老板看着眼前的小男孩儿，双眼中除了天真，还有一股自信，想了片刻，他答应让小男孩儿试一试。

小男孩儿上台后一点儿也不怯场，在台上又跳又唱，把台下的观众都给逗乐了。他的歌唱到一半时，就有很多观众往台上扔硬币。小男孩儿看到硬币，就一边滑稽地去捡硬币，一边更卖力气地唱。就这样，在观众们的呐喊声中，他又连续唱了好几首歌，都得到了观众的好评。

几年之后，马塞林——法国著名丑角明星到了一个儿童剧团演出。当时，他有一个节目需要一名演员和一只猫的参与才能完成。很多演员考虑到马塞林的名气，都有点儿害怕跟他合作，怕自己演砸了，搞坏了气氛。这时，几年前那个小男孩儿又出现了，他毛遂自荐，希望能跟马塞林合作。

马塞林应允后，他就按照马塞林的指挥配合起来。相比起前几年，这时的男孩儿在表演上更成熟了，也更加自然。他与马塞林的配合很默契，这让那些为他捏一把汗的演员悬着的心放了下来。

后来，这个小男孩儿慢慢长大，成为著名的幽默大师，他就是卓别林。

当卓别林还是个小孩子的时候，他似乎就懂得"尝试"的意义。凡事都抱着去试一试的态度，纵然结果可能会不尽如人意，但起码有过尝试，有过努力，就不会留下遗憾。而在尝试的时候一旦成功了，无疑会提升我们的自信。

生活中，总有一些人在机会面前畏首畏尾，他们不敢去尝试，生怕自己把一切搞砸了。殊不知，这种裹足的心态，毁掉了他们本可以创造出来的奇迹。更重要的是，没有勇气去尝试，他们就没有战胜困难的信心，这样的人，何以有自信可言呢？

生活需要的是创造和奇迹，去创造和实现奇迹，需要的是勇气以及因勇气而来的自信。年轻的我们，朝气蓬勃的现实就是最雄厚的资本，拥有这份宝藏的我们，有什么理由不扬鞭催马创造属于自己的未来呢？

年轻人需要的是冲刺和开拓。在我们身边，也许总有一些消极的声音：同学们的嘲笑，老师的蔑视，亲友的过分保护，这些都可能成为我们失掉勇气、泯灭自信的"杀手"。当我们面前出现一

个难得之机或至少是能逐步提升自我能力的机遇之时，我们要做的是撇开所有负面情绪，屏蔽消极影响，按照自己的方式去完成一次成长的飞跃。那时，年轻的我们就会慢慢脱掉幼稚，怀揣自信之剑划破苍穹！

第三辑

爱人之心

 # 阅读是最浪漫的教养

培根说："开卷有益，读书可使人愉悦，增加文采及充实才能。"

阅读是一件美好的事，也是一件提升自我修养、内涵的不二法宝。"书中自有颜如玉，书中自有黄金屋"，便是对阅读有益的最好诠释。

对父母来说，培养孩子的阅读兴趣，或是传授阅读技巧，相信远比留给他们金山银山的意义更大。年轻的我们，尚不涉及育儿教子，可阅读这件事并不独属于那个群体。换句话说，爱上阅读，就是爱上知识，而知识便是提升一个人内在气质的绝佳途径。

喜欢阅读的人，会用知识武装自己的头脑，这是一种内涵的展现。"腹有诗书气自华"，书籍能让一个人的精神世界变得宽泛。莎士比亚说："书籍是全世界的营养品。生活里没有书籍，就好像没有阳光；智慧里没有书籍，就好像鸟儿没有翅膀。"威尔逊说：

"书籍——通过心灵观察世界的窗口。住宅里没有书，犹如房间没有窗户。"

比尔·盖茨于 1955 年 10 月 28 日出生在西雅图，他有一个姐姐，名叫克里斯蒂，还有一个妹妹叫利比。比尔·盖茨的父亲叫威廉·H·盖茨，母亲叫玛丽。威廉·H·盖茨当时是一名很有地位的律师，玛丽是一名教师，这样的家庭组合对比尔·盖茨的成长是很有益处的。父母本身良好的教育是孩子"得天独厚"的成长条件，却不是绝对条件。

试想，如果孔子不对自己的三千弟子言传身教，恐怕未必会有那七十二贤人了。因此，父母本身的思维方式在某种意义上决定了子女的未来。

比尔·盖茨从小就喜欢读书，所以威廉·H·盖茨夫妇便带着他到学校的图书馆，对图书馆的管理员说，他们的孩子功课完成得很好，希望图书馆能把他们爱读书的儿子留在图书馆帮忙。图书馆管理员看着眼前那个卷头发、身材瘦弱的孩子，并未看出什么特别之处。这时比尔·盖茨说："你们有什么活儿要我做吗？"图书管理员点点头，同意比尔·盖茨在图书馆工作。

别看比尔·盖茨当时年纪小，但做起事来十分积极，当天便要留在图书馆工作。图书管理员见他如此积极，便向他讲了一种图书分类法，让他将一些已经归还给图书馆，但一时间找不到的书找出来，分类后放到相应的位置上。比尔·盖茨接到"命令"后，马上就动起手来。他问："这个工作看起来像侦探一样吗？"图书管理员笑着点点头。得到了这个"与众不同"的工作的比尔·盖茨更加卖力了，等到该休息的时候，他已经找出了 3 本放错的书。

不过比尔·盖茨不肯休息，坚持要将工作做完。图书管理员说，图书馆内的空气不好，要到外面呼吸一下新鲜空气。听图书管理员这么说，比尔·盖茨点点头。第二天，比尔·盖茨早早就起来了，随后赶到了图书馆，又埋头开始了新一天的工作。

下班的时候，比尔·盖茨说，他要成为一名正式的图书管理员。图书管理员点点头，并鼓励他好好工作。

一段时间之后，比尔·盖茨的父母要搬迁了。此时的比尔·盖茨最挂念的一件事就是：他走了之后，谁来将图书馆中放错的书挑选出来呢？

威廉·H·盖茨夫妇见自己的孩子这么喜欢图书馆的工作，最终又搬回了原来的住处。在他们看来，什么事情都没有将孩子的兴趣持续下去重要。随后他们带着比尔·盖茨去了那个图书馆，说明他们的孩子要继续留在图书馆工作。

威廉·H·盖茨夫妇能为了孩子一个看似"无关痛痒"的喜好而放弃成人固守的思维方式，是很令人称道的。显然，他们的教育也是十分成功的。

关于爱人之心，关于"阅读"这一浪漫的教养，或许并没有一个准确的词语能将两者同时涵盖。不过，细心的你却可以有自己积极正面的理解。

比尔·盖茨的父母是有着"爱人之心"的，因为他们让自己孩子的兴趣得到了最大限度的发挥。比尔·盖茨本身也是"阅读"这件浪漫之事下的受益者，因为他在不知不觉中阅读了"社会"这

本书，并从其中收获了专注、责任等果实，这从他用心做图书管理员和因为要搬家而觉得再也没有人能管理图书上便可见一斑。很多时候，很多事情都不是一成不变的，只要凭借着自己的理解，一句话、一件事就能给自己巨大的触动，从而激发自己的潜能，去做更多有意义的事情，何必去计较它是否"约定俗成"呢？

每个人经历过的好事、坏事，都会成为滋养我们的智慧。学会如何生活，也是"最浪漫的教养"。如果更具体地去阐述阅读的意义，那么相信三天三夜也难以诉尽。

高尔基说："书籍便是人类进步的阶梯。"看一本好书，就如和一位高尚的人说话，我们得到的将是心灵洗礼般的益处。

鲁迅说："我们自动的读书，即嗜好的读书，请教别人是大抵无用的，只好先行泛览，然后决择而入于自己所爱的较专的一门或几门；但专读书也有弊病，所以必须和现实社会接触，使所读的书活起来。"

与现实社会接触起来？这即是爱人之心的体现。就像前文谈到的那样，当从书中明了大理、知了大义之后，内心即会涌现出一股热忱，而热忱与社会现实的缔结，即是爱人之心的体现。试问，一个大字不识、道理不懂之人，他怎么能有悬壶济世、拯救苍生的大义？

作为青少年，我们眼下要做的还不是"救国救民"，而是"拯救"自己：让自己不再愚昧、不再愚钝、不再无知、不再傲慢。当内心因知识的丰足而异常明亮之时，我们本身即会散发出独特而引人的气质。

仁爱之心

　　提到仁爱之心，或许有些沉重，离我们似乎有些距离。其实，仁爱之心随处可见，我们的每一个善意的举动，都是仁爱之心的体现，对待朋友时的"仁慈"，也一样是一种平实且不凡的仁爱。只不过这份仁爱过于"平常"、"小儿科"，或是大部分人都忽视了它，故此人与人之间才没有那么多友善的缔结。

　　引申而言，陌生人之间的一次援手，其实就体现出这种仁爱之心。只是彼此之间只把这当成萍水相逢的"应当之举"，却不会在意。事实上，这份仁爱之心是需要重视的，也值得渲染。因为当每个人都能明晰哪种是仁爱之心的举动，就会在受人恩惠之时，内心饱足且温暖，同时亦会念念不忘。甚至当他人再次遭遇与自己类似的境况时，你可能因为那份陌生人的仁爱之心，也会对他人伸出援手了。

不要小看每一份"渺小"的恩惠，那是汇聚成大爱的根本。因此，我们在日常生活中的每一次关于仁爱的无心之举，都会在潜移默化中升华成大爱。

美国著名试飞驾驶员胡佛，有一次驾驶飞机后飞回洛杉矶，在距离地面九十多米高的地方时，两个引擎突然失灵了，这让胡佛十分害怕。幸运的是，他有较高的驾驶水平，结果他奇迹般地使得飞机安全降落，没有发生任何不幸。

事后，他立即检查了飞机的用油。他认为，一定是油出了问题。检查结果正如他所料想的那样，他驾驶的这架螺旋桨飞机，使用的是喷气式飞机的油。显然，这非但是不合理的，还是十分危险的。

随后，胡佛找到了负责保养机械的工人，跟他说明了一切。工人听完之后，顿时吓得面色苍白，眼泪簌簌地落下来。

周围人原以为胡佛会大发雷霆，毕竟自己的命差点儿丢了。可出人意料的是，他突然伸出双手，抱住那名机械工的肩膀，信心十足地说："为了证明你能干得好，我想请你明天帮我的飞机做维修工作。"

这个维修工诧异地看着胡佛，眼泪停在了眼圈。此后，胡佛所驾驶的飞机再也没有出现过事故，而那个曾经有些马虎的维修工，也变得一丝不苟，把每项工作都做得十分细致、到位。

显然，胡佛的做法是令人钦佩的，他用自己的仁爱之心，成功地挖掘出那个维修工的潜质，也使得自己驾驶的飞机再也没有出现过类似的事故。显然，在某种程度上说，并不是维修工帮助了胡佛，而是胡佛自己帮助了自己。

试想，如果他如别人想象的那样大发雷霆，或是状告维修工，结果他可能只是消了气，或者得到一部分金钱的赔偿。可这之后呢？他可能还要承受其他维修工因马虎而给他带来的危险。

与其如此，不如放人一马，以仁爱之心去友善地对待他人，让他人感觉到被体谅和理解。如此，他人即会因"报答之心"的强烈，而在诸多方面为我们提供更多便利。

无论遇到什么事情，不管是大事还是小事，能否以友善的态度来对待他人，既能体现出一个人的自身修养，又能为自己迎来赞誉的掌声。

年轻的我们在生活、学习中，面对他人时，就好像面对一面镜子。镜子立在我们面前，我们若面带微笑、友善地看着镜子，我们也会发现镜子里的"人"正善意地对着自己微笑；当我们以粗暴的态度对待对方时，我们也会注意到镜子里的人也在对我们挥舞着拳头。

人生在世，几十年光阴，保留一份纯洁和几分善良的本性，每个人就能简单而快乐地生活着。那么，友善到底是什么？

友善是懂得感恩。世界上最大的恩情，莫过于养育之恩，俗话说："羊有跪乳之情，鸦有反哺之义。"作为人，也要有尽孝之念。正如世纪老人巴金说的"我是春蚕，吃的桑叶就要吐丝"一般，我们也要时常怀揣着一颗感恩之心、回报之心。

友善是我们头顶一片开阔的天空，包容天地间的万物；友善是氧气，能孕育新的生命；友善是阳光也是雨露，滋润着美德的成长；友善更是人与人之间和谐生存的润滑剂，心与心沟通的桥梁；

友善是一种爱的储存，让自己与身边的人感情更加纯洁，也让这个世界更加美好。

在生活中，每个人都扮演着不同的角色。立场不同、所处环境不同的人，是很难了解对方的感受的。因此，对别人的失意、挫折、伤痛，我们万不能幸灾乐祸，即便他人带给了我们伤害，我们也要学着释怀，学着关怀、了解对方，因为助人就是助己。

仁爱之心，人人皆有，只是太多人不去关注它，最终让它藏匿在了人心的虚荣和对现实的膨胀之下。

爱的教育

充满爱的教育，来自老师、家长，当然，也有可能来自我们身边的同学、朋友，甚至是比我们年级更小的晚辈。毕竟，爱不分层级、辈分，任何一种对我们表现出的关怀，都是一种爱的体现，充满这种爱的载体，也不局限于长辈。

"教育"这个词，或许有些严肃，并不能用在一般性的场合，很多人也不希望自己成为"被教育"的对象，那样显得自己是多么幼稚可笑啊。但是，当一种教育与爱联系在一起时，它的意义就变得宏大、博远，那一刻，充满爱的教育超越了世俗的围栏，浮荡在施予者和授予者的心间。

意大利作家亚米契斯有一部作品，名为《爱的教育》，夏丏尊先生曾在翻译此书时说过这样一段话："教育之没有情感，没有爱，如同池塘没有水一样。没有水，就不成其池塘，没有爱就没有

教育。"

李世民是唐朝第二代皇帝,也是我国古代最有名的帝王之一。他的出名,不仅源自其卓越的功绩,还在于他的教子方法值得推崇。

身为帝王的他,为了教育好自己的子女,费尽心神撰写了一部著作——《帝范》(十二篇),该作品被历代帝王誉为"宗教圣经"。

能写出这样的传世之作,源于李世民身体力行。他对后辈的教育十分严厉,当然,严厉之中则是无尽的爱。

李世民觉得,环境对人的影响很大,故此强调尊师重教,对待老师要十分恭敬。他的长子李承乾曾有嬉戏过度的时候,于是李承乾的老师李百药便写了讽刺文章《赞道赋》来讽谏。李世民看过文章后,就派遣史官告诉李百药:"朕于皇太子处见卿所作赋,述古来储贰事以诫太子,甚是典要。朕选卿以辅弼太子,正为此事,大称所委,但须善始令终耳。"李世民的意思再明白不过,他很赞赏李百药的做法,还赏赐了李百药一匹骏马和不少彩物。

李世民的教育很能落到实处,比如他与儿子李治一起吃饭时,就问他:"你知道饭吗?"李治不知,李世民告诉他,农民种植粮食很辛苦,身为帝王是不能随心所欲的,只有做到"不夺农时",才可"常有此饭"。

还有一次,李世民见到李治乘船,就告诉他:"水能载舟,亦能覆舟。"百姓永远可以承托起君王,也可以将君王"淹没"。那时,李治早已代替李承乾成为新的太子,所以李世民希望他能够明白这些道理。

每遇小事,李世民都能采取旁敲侧击的方式教导儿子,这远比灌输大道理更有效果。晚年时，李世民仍不忘对李治的教导。加之李承乾败亡的教训，更加重了他教育李治的决心。因此，《帝范》才问世，里面讲述了身为帝王的规范以及如何治理国家。

这部作品虽然为帝王所著，但是涉及的教子之法适用于普通之家。从这部作品中，我们可看出李世民为教育下一代，当真用心良苦。

孔子说过："居必择邻，游必就士。"鲁迅先生说过："农家的孩子早识梨，兵家的孩子舞刀弄枪，秀才的孩子弄文墨。"显然，这都是环境造就人本身的道理。一个人接触最多的是什么，就最易受其影响。

橘生淮南则为橘，生于淮北则为枳。叶徒相似，其实味不同，所以然者何？水土异也。人也是这样，会受到周边环境的影响。恩格斯指出："人创造环境，同样，环境也创造人。"

如此说来，只要我们充满爱，或身在爱的环境中，那么我们身上流露出的也必然是充满爱的气质。

爱心永存，我心永恒。爱是无价的，是永存的。爱如一杯茶，愈品它愈浓。它可将每一颗冰冷的心灵融化。即使品一口也能品出茶的清香，品出一个人的品格和一个人的魅力所在。

因此，年轻的我们应该把自己置于爱的环境中。人间处处充满爱，当我们觉得难以寻觅爱时，不妨静下心来，细细体味生活，因为爱就在其中。

人情世故

　　人情世故，对于身在校园的我们来说，可能有些距离。但我们不能因此而将其拒之门外，越早洞悉人情世故，对于日后的发展越有益处。

　　提到人情世故，很多人都将其与圆滑、世俗等联系在一起。事实上，这是一门学问，一门"中性"的学问，无须夹杂或褒或贬的感情色彩。与人相处的友善或是交恶，其实都是人情世故的一种表现。这么说来，我们也就能摆正态度对待它了。

　　懂得人情世故是十分重要的。每个人都不可能脱离社会，存在于世，就必须与人接触。与人接触，即需要了解这其中的细腻之处。比如，有些人性格暴躁，却是好人，只是性子太急。于是，面对这样的人时，我们就需要圆润地处理与他的关系。不远不近、以四两拨千斤之法待之，如此，便可与之和睦相处。

因此，人情练达之人，总能"左右逢源"，合理地处理与他人的关系，这对于一个人在社会上的发展有百利而无一害。

在一个菜市场里有一个小档位，里面有这样一个阿姨：她平日里待人和善，遇到很少的零钱需找的时候，她通常都不会索要，而遇到顾客没有小面额零钱时，她更不会有意地提醒顾客下次记得补上。这样一来，很多在她这里买东西的人都觉得很方便。

这个阿姨的档位是新开张的，她是广东人。外地人在本地做生意，本身在习惯等方面就会有差异，只是这个阿姨因为很会做生意，所以档位才开了两个月，来往顾客便络绎不绝了。

与她的档位出售一样货物的在旁边也有几家，但只有她的生意最好，而且很快她的档位就由原来的一个扩展成两个。

旁边档位的人见她这个外地人把生意做得那么好，顿时心生嫉妒。一次，旁边的几个人在这个阿姨将档位收拾干净，闭店走人以后，把垃圾都扫到了她的档位前。

第二天，当那个阿姨到档位发现垃圾时，并没有说什么，转身进屋了。旁边的人觉得她一会儿肯定会大发雷霆，这样一来，她的形象就会有损了，相信哪个顾客都不喜欢在一个"无缘无故"开口大骂的人那里买东西。

让旁边的人惊讶的是，这个阿姨拿着扫把走出来，将垃圾一扫而光，什么都没有说。这样的事情连续做了一个星期。

旁边的人本想着多试探几次，以逼迫那个阿姨露出"本来面目"。可他们失败了，这个阿姨一点儿怨言都没有。后来，旁边的人实在疑惑不解，就拜托别人去询问："别人把垃圾扫到你门前，

你为什么不生气，还把垃圾扫进自己家？"

只见阿姨笑着说："我老家是广东，在我们那里做生意有个说法，垃圾便是财源，别人送财来到我家门位，我当然收进家里，哪有扫出去的理由？"

阿姨的一番话，使得询问者哑位无言，也更让旁边那个开档位的人毫无颜面。不管在广东是否有这样的说法，在本地似乎是没有的，或者这么理解，那个阿姨很懂得人情世故，加之自己是外地人，自然是不能与本地人发生冲突的。且不说是否存在"畏惧"的问题，做生意旨在求财不求气，何故为那么一点儿小事动怒呢？

可见，一个懂得人情世故的人，是极善于把事情处理妥善的。更重要的是，在完满地解决事情后，亦能获得来自他人的赞誉和刮目相看。此外，还有一点不能忽视，即在外人看来，这个阿姨显然是极具修养的，而这即是她由内而外散发出的一种气质。

生活中的我们，总会遇到形形色色的人，并不是所有人都会讨我们喜欢，甚至很多人会做出令我们极为厌恶之事。这时，我们应该怎么做？是当场发飙，粗鲁地指责对方，还是选择沉默，以自己的素质去回应一切？

显而易见，没有经历过这种情况的人，多会选择后者，可事情一旦发生，大多数都是冲着前者去的。这也就是更多人无法干成事业的因素之一——成功的路上，总有诋毁，若无法忍住，怎能配得上"成功"二字？

很多时候，我们都不要把事情做绝了，给别人留一条生路，其实就是为自己留一条后路。人情世故，需要智慧，而智慧，则需要修养。

懂得人情世故，其实并不是什么坏事。需要注意的是，人情世故并不是看人脸色，不是懦弱、妥协、卑躬屈膝，而是用最恰当的方式达到预想的效果。

懂得人情世故，可以有效地化解与他人的矛盾或尴尬，更能让自己的人际关系更加和谐。尤为值得一提的是，年轻的我们在这方面若能尽早打下基础，便能在家庭中更让父母安心，在学校与老师、同学的关系也必然更融洽。显然，这两方面的共同作用，会让我们在日后的社会生活中如鱼得水。当然，有一点还是要强调的，即人情世故不仅是一种处理人际关系的方式，而且是提升个人气质的举动，决不能当作"成功的秘诀"。

感恩是一种大爱

英国有这样一句谚语：忘恩比之说谎、虚荣、饰舌、酗酒或其他脆弱的人心的恶德还要厉害。"忘恩"，即是忘了感恩，忘了别人对你的恩情。一个连别人的恩情都抛诸脑后的人，算不得是个人了。年轻的我们，自然不能成为忘恩负义者，而要时刻怀有一颗感恩之心，让它成为我们内在的不灭气质。

感恩，是一种美德，它带给人的则是一种超越自我的唯美享受。

懂得感恩，生活会给予你意想不到的喜悦；反之，总是索取，总是挑剔，总是抱怨，生活给予你的永远是磕磕绊绊。

人生原本就没有一帆风顺，是那些懂得感恩的人，让生活中的一切不顺变了模样儿：他们感恩困难馈赠了勇气和力量，感恩敌人让他们弥补了自身缺点，感恩朋友偶尔出现的火气让他们学会宽容……他们总是以一颗感恩的心对待万事万物，就算前行的路再波折，他们仍能安心地享受那份颠簸，因为他们知道，正是这些外在环境生出的"事端"，才让他们变得与众不同，能克服普通人无法克服的困难，攀至普通人遥不可及的巅峰。

更重要的是，懂得感恩的人，内心总怀有一份可撼天地的大爱。

有这样一座城市，它因天灾而闹饥荒，不少人家的孩子整天都饿着肚子，勉强度日。在这座城市里，有一个心地善良的面包师，他的家境在城市里数一数二。于是，他总会把城市里那些穷得吃不上饭的孩子聚拢到一处，再拿出一个篮子，里满是各种各样的面包。

面包师看着这群饥肠辘辘的孩子们，说："这个篮子里的面包你们一人一个。在上帝带来好光景以前，你们每天都可以来拿一个面包。"

这实在是个激动人心的好消息，孩子们听完，争先恐后地挤到篮子面前，疯抢一般，生怕没有自己的份儿。出于饥饿的缘故，孩子们都想拿最大的。可是，这些孩子拿到面包后，没有一个人对这个善良的面包师道声"谢谢"，连最起码的一个表示感谢的微笑都没有，一个个自顾自大口地吃着面包。

在孩子中间，有一个叫"依娃"的小女孩儿，她不像其他人那样去争抢面包，而是静静地等待大家都拿完面包后，才慢慢走上前，拿起篮子里剩下的最小的面包。转过身，她没马上走开，而是很有礼貌地对面包师表示感谢，还不忘亲吻他的手。做好了这一切，她才回家。

翌日，好心的面包师像前一天一样，提着一个盛满香喷喷面包的篮子出现在这群孩子面前。他还是安静地把篮子放在一边，然

后站在一旁细心观察着。

孩子们还是和昨天一样，疯狂地奔到面包篮子前，都朝着大面包使劲儿。至于依娃——那个懂礼貌、知感恩的小姑娘，依旧默默地站在人群背后，等大家都心满意足地离开，她才上前拿起比昨天还小的面包，并再次向面包师道谢。

回到家，依娃把面包交给了妈妈，当妈妈切开面包时，发现里面有许多闪亮、崭新的银币。妈妈很吃惊，忙说："立即把钱送回去，一定是揉面的时候不小心揉进去的。赶快去，依娃，赶快去！"

依娃拿着银币赶紧跑出去找面包师，见到面包师后，把妈妈的话说了一遍。面包师听完，笑着对依娃说："不，我的孩子，这没有错。是我把银币放进小面包里的，我要奖励你。愿你永远保持现在这样一颗平安、感恩的心。回家吧，告诉你妈妈这些钱是你的了。"

依娃听完，十分开心，蹦蹦跳跳地回到了家，兴奋地告诉妈妈，这些银币都是因她怀有一颗感恩之心而来。

在这个世界上，懂得感恩的人走到哪里都会收获一缕灿烂的阳光。感恩的人，内心必定是充满阳光和爱的，他们对那些给予过他们帮助的人充满感激之情，这份发自内心的真诚感谢，是能被完美无缺地接收到的。

故事中的小女孩儿懂得感恩，所以她得到了属于她的意外惊喜。现实中的我们呢？是否也应该怀有一颗感恩之心？答案是肯定的。

我们所怀有感恩之心的初衷，是源于对身边一切事物及人自有的爱，而非渴望回报。一旦你想通过感恩而获得回报，就成了一种人与人之间的利益性交易，完全失去了最纯、最美的味道。

感恩，并非是当别人给予我们帮助时才有的心态和举动，我们应该主动去感恩身边的一切人和事。感恩父母，感谢他们的生养之恩；感恩老师，感谢他们给予我们的知识；感恩同学、朋友，感谢他们包容我们的缺点，在我们心情低落时给予我们鼓励，高兴时一起与我们分享；感恩生活本身，感谢它在我们身边放置的一切事物；感恩大自然，感恩空气，甚至感恩水杯……

生活中处处充满感恩，处处需要我们的感恩。我们把感恩当成一种习惯，这习惯即会成为我们身体的一部分，成为我们难得的独特气质。一个真正懂得感恩、时常感恩的人，世界都会为他的梦想让路。

以德报怨

　　"以德报怨"是一个成语，出自《论语·宪问》："或曰：'德报怨，何如？'子曰：'何以报德？以直报怨，以德报德。'"这个成语的意思很简单，即用恩惠来回报别人的仇恨。

　　在孔子的世界里，当别人对我们不仁慈时，我们还是应该用包容的胸怀去面对。的确，这样的心态放在今天也一样适用，而且它并不是软弱无能的表现。

　　可以想象，如果每个人都能在面对仇恨时，还能用平和的心态宽以待人，那么很多历史悲剧就会避免，甚至历史可能会呈现出一种意想不到的美丽。人要有宽阔的胸襟，要懂得给伤害我们的人一个机会。

　　在今日社会中，"以德报怨"更是一种魅力。当我们内心中的满腔怒火变为宁静的水时，这个世界会不会变得春光灿烂呢？这是毋庸置疑的。以德报怨是一种高远的人生境界，并非人人都可达到。但是，我们要循着这样的状态去发展、去靠拢，决不因看似很难达到而选择放弃。

当我们真的能慢慢靠拢这种状态，不去过分苛责别人，即便是他人的错，我们也能换位思考时，那么整个社会都会慢慢趋于和谐，因为你对他人的宽厚，会让他人感同身受，他人也会逐渐去宽待别人。

学着以德报怨，学着多站在他人的角度考虑问题，我们的心中就会自然生出一种爱人之心，凡事都先为别人考虑。这样的我们，是会受人尊敬的，而我们也会收获自己内心渴望的金色人生。

魏国和楚国的边境有一个小县城，一个叫宋就的人是这个小县城的县令。宋就是一个非常清廉的官员，自身品德高尚，小县城被他管理得繁荣富庶，县城的百姓都十分拥戴他。

那时，住在两国交界的村民一直以种瓜为生，这一年的春天也不例外，两国的村民又种了瓜。

与往年的风调雨顺不同，这一年的春天非常干旱，由于缺水，村民们的瓜苗长得都很慢，两国村民为此都非常着急，想了很多办法可都毫无效果。

魏国的村民担心一直这样干旱下去会影响收成，于是就组织了本国的村民，每天晚上到自己的瓜苗地里挑水浇瓜，这样人工灌溉，就能补给自然雨水的不足。魏国村民连续浇了一段时间后，他们的瓜地里，瓜苗长势渐渐有了好转，楚国的瓜苗是没办法与之相比的，魏国的瓜苗长势旺盛。

楚国的村民看到魏国的瓜苗长得又高、又好、又快，心里非常嫉妒，但他们的嫉妒没有换来积极的行为，反而是有些村民在晚上偷偷潜到魏国村民的瓜地里搞破坏，踩瓜秧。这件事很快被魏国村民察觉了。

魏国村民发现自己的瓜苗地被破坏后，马上向县令报告，说自己国家的瓜苗被楚国糟蹋了，于是为了报复。他们也想用同样的方式来破坏楚国的瓜苗。

身为县令的宋就一听，连连摇头，他不觉得这是个好办法。看着村民们一个个义愤填膺，他也不能断然拒绝，为了安抚村民，他暂时放下县令的"架子"，不希望用命令的口吻与他们交谈，他心平气和地对村民们说："依我看，你们最好不要去踩他们的瓜苗。"

村民们早已怒火中烧，哪里能听进去宋县令的话呢？他们也不管面对的是堂堂县令了，纷纷嚷道："我们不能让楚国的村民这么欺负我们！"

宋就摇摇头，依旧语气平缓地说："如果你们以这种方式报复，只能解解自己的心头之恨，以后的日子呢？他们只会变本加厉，如此下去，两国的瓜苗都会被破坏，都不会得到瓜的收获。"

村民们这会儿也慢慢稍平愤怒，仔细想想宋就的话，也是很有道理的。他们询问宋就："大人，我们应该怎么办呢？"

宋就说："不妨这样，你们每天晚上去他们的瓜地帮他们浇水，最后会怎么样，你们自己会看到的。"

村民们听县令这么说，起初都有点儿不乐意，却想不到更适合的办法，只好应允。此后，魏国村民们每天晚上都按时给楚国村民的瓜苗浇水，就像对待自己的瓜苗一样悉心照料。

几天之后，楚国的村民发现他们的瓜苗长势良好，也知道是魏国村民从中帮忙，他们瞬间觉得十分羞愧。他们想不到，魏国村民非但没有打击报复，反而以德报怨，帮他们的瓜苗浇水。

后来，这件事被楚国边境的县令知道了，他就将此事报告给楚王。在这之前，楚王本对魏国虎视眈眈，打算伺机发难，可了解这件事后，内心尽是感激之情。楚王不觉想到，魏国能有这样的以德报怨的县令，实乃魏国之福啊！于是，楚王主动与魏国和好，并且送去了很多金银珠宝，对魏国能有如此好的官员和国民由衷地赞叹。

魏王了解事情原委后，清楚了解到是宋就从中为两国的友好往来立了大功，故而下令重重赏赐了他和村民们。

宋就用以德报怨的方式向村民们证明：生活中的每一件事，并不是要靠报复的方法才能解决。面对别人的不仁慈，我们不能只想着以同样的方式加以还击，要试着用恩德来酬报。

年轻的我们，阅历尚浅，对于以德报怨的方式似乎并不理解，也许你会觉得，别人这么对我，我为什么还要用德来回报呢？不妨用心去想，如果有人怨恨你，而你却用恩德酬报他，相信他的心里定会有惭愧之意。这样一来，你与他人的相处就会慢慢变得融洽，因为他人总会在不知不觉中感受到你那份博爱。

此外，你用以德报怨的方式来解决问题，其实最受益的还是你自己，那样的你，心里是不可能积攒仇恨的。心里不积攒仇恨的人，才是轻松、快乐的。

以德报怨，说起来容易，做起来其实很难。作为学生的我们，所获得的知识和道理多来自书本以及家人的灌输，对于书本知识的消化和理解，年轻的我们或许很难做到透彻，而家长的身体力行，却给我们树立了样板。遗憾的是，有多少家长会用以德报怨的方式去教育自己的孩子，对待他人呢？因此，一切都要靠我们自己。

在日常学习和生活中，我们就要多去接触积极的能量，培养自己有一颗仁爱之心，这才会让我们慢慢在成长过程中升华为一颗爱人之心。日后走向社会，我们就会对以德报怨习以为常了，我们也会因此而活得潇洒、幸福！

善思善举

宋元之际的史学家胡三省说："善思，犹今人言好思量也。"其意为善于思考，慎重考虑。善思，第一层意思即为善于思考，而更深层的意思，即是心存善念的善良思想。

人类是自然界最有灵性的动物，拥有懂得思考的智慧头脑。一个善于思考的人，他的思想是开阔的，他看问题不会停留在表面，而要挖掘事物的本质来。善于思考，会让我们的视野更加开阔。

"思索，是愚蠢变智慧的钥匙；不思索，是智慧变愚蠢的理由。"思考就像是一座桥，让我们通往广阔的世界。当然，若把"善思"局限于单纯地善于思考，显然有失偏颇。真正因思考而来的大智慧，是怀有爱人之心的友善之思，而凭借这份善思，会随之而产生善举。

古往今来，大凡行善举者，皆是有爱心之心，他们用自己心底对待自己及家人般的爱，去对待陌生人，甚至包括对手和仇敌，显然这种爱是博大的、伟岸的，是值得颂扬和赞叹的。

雨果说："善良既是历史中稀有的珍珠，善良的人便几乎优于伟大的人。"卢梭说："善良的行为使人的灵魂变得高尚。"可见，心存善念之人，总会成为人群中的耀眼光斑，虽然小，但是足以照亮四周。

一个心地善良的人，是会义无反顾地帮助他人的。这份帮助，是不计回报的，他从帮助他人的过程中所得到的快乐，就是他渴望拥有的。

他并不是一个家财万贯的人，却有一颗善良的心。

距离他所居住的房子不远处，坐落着一间破旧不堪的庙宇，在这样一个风雨不遮的隔地，躲藏的都是白天沿街乞讨及卖艺为生的盲人，他们不是健全人，但是依然努力地生活着。

庙宇里共有40个这样的盲人，平日里虽辛苦奔忙，但生活得仍然非常贫困，有的时候甚至连饭都吃不上。当时，正值全国解放初期，多数老百姓的生活都不宽裕，这些盲人若是在现在，或许还会得到有钱人的帮忙，可那时太多人忙着养家糊口，哪里有闲钱接济这些卖艺的盲人呢？这样的现实，让盲人们的生活更加不堪，挨饿受冻早已成了家常便饭。

盲人们的遭遇撼动着他的心，只要经过"瞎子庙"时，他的心都隐隐作痛，他总想竭尽所能帮助这些可怜的盲人。当然，同样不甚富贵的他，不可能建造一个供养他们的地方。但这不是重点，在他心里，"授人以鱼，不如授人以渔"。接济虽是一种直接的帮助，但总抵不过天长日久，唯有在根本上解决他们的生存问题才行。于是，他想着如何提供给他们一份足以谋生的活计。

他把自己的想法告知了家人。可以想象，在那个时代里，普通之家都自身难保，更别提周济他人，所以家里人都极力反对。摆在眼前的难题没有让他退缩，他毅然放下了手里的工作，把精力都用在了帮助盲人们的事情上。

差不多两年的时间过去了，他的努力开始有了成效。

在那段时间里，他每天都会去"瞎子庙"，尝试着把这些盲人都组织起来，让他们形成一个小团体，而后自己出钱买了不少乐器，让那些会吹拉弹唱的盲人成为乐手。就这样，他组织了一个专由盲人组成的乐团，接着又组织排练。

白天在"瞎子庙"帮着人们指导排练，晚上他则忙到半夜，为他们写歌，编排演奏曲目。做好了这些基础性工作，他又四处奔波，忙着联系演出单位和场所。

"瞎子庙"里有些人并不会乐器，为此，他又托关系、找门路，把那些人一个个安排到工厂中，让他们能有一份稳定的收入。在为盲人们劳碌的过程中，他跑烂了几双鞋，而这与帮助他人相比，就显得无足轻重了。

他的忙碌最终没有白费，一切似乎都按照他的计划按部就班地进行着。小乐团时常会接到演出邀请，在工厂工作的盲人也稳定并安然地生活着，这一切，都得益于他那颗无私的善心。渐渐地盲人们都搬离了"瞎子庙"，住进了街上条件更好些的房子。

自此之后，每到晚上，他下班走在街上时，那些生活得如正常人一样的盲人们，就各自点亮屋子里的灯，为了给他照亮前行的路。很长一段时间，盲人们的举动都成为街上的一道风景。也许在他们的心中他们为他点亮的只是回家的路，而他为他们点亮的却是人生之路。

直到他去世，盲人们点灯照路的举动还在持续着，从未停过。每一次他的脚步走来，他们都能清楚地认出，因为他的身上永远散发着爱的节奏。

他叫老舍，原名舒庆春，是中国杰出的人民艺术家，他用自己的善举，为盲人们点亮了生命的那盏灯。

印度诗人泰戈尔说："老是考虑怎样去做好事的人，就没有时间去做好事。"是的，真正的行善并非书写多么宏伟的慈善计划，也无须更多人围拢在一起商量着怎么去行善，而是生活中的每一个点滴的爱的汇集。多去做些不起眼儿的善事，去做力所能及的善事，是比任何丰厚物质上的慈善之举更让人心暖的。

老舍在自己都不甚富裕的条件下，还帮助那些盲人，他的善举深深地感动了他们，也一样感动着我们。

行善，是心中有爱的表现。年轻的我们，尤其要在这一点上竭尽全力。因为一个心中有爱的人，所行之举必然是善举，而善举所得到的，也将使我们受益终生。在生活中，我们应该多思考人生，多考虑问题，不能只看到事物的表面，要多去不计回报地帮助别人，在别人有困难时能伸出援手。

善是一种气质，是一种蕴含着爱的气质。拥有善念，行善举，

必得善果。处在青春期的我们，不要因为还有大把时光的错误思想
而不为善，那是内心缺乏爱的映照的表现，一个没有爱的人，早晚
会被身边人甚至整个社会抛弃。

第四辑 提升内在修养

活在当下
生气不如争气
情绪控制
宽容的智慧
幽默是一种生命的色彩
谦虚是不可缺失的品质
大志不辱小事

 活在当下

人性的优点中，有一点很值得称赞，即"日事日毕"。一个人若能真正地将人性优点中这一点发挥出来，且发挥得淋漓尽致，那么天下当真无不成之事了。

日事日毕，即是把握今天、把握当下，不为过往叹惋，不为将来迷茫。只要把握住今天，曾经的叹惋只会化作经验，而此刻的努力，又会剥开未来的迷雾，让人对未来的认知变得越来越清晰。

有一位哲学家，途经一片荒漠时，看到了很久以前存在的一座城池的废墟。这座城市早已在岁月的打磨下满目疮痍、破烂不堪了，可仔细看看，仍能发现昔日的风采。

哲学家有些疲累，便决定在这里休息一下。他随手搬过来一个石雕，坐在上面，然后点燃一支烟，看着周围的一切，很有感触。幻想着城池以往发生的一切，他不由得叹了口气。

此时，一个声音响起："先生，你在感叹什么呢？"

哲学家一惊，赶忙四下看了看，并没发现什么人。随即那个声音又响起了。这次哲学家感觉声音是在自己身下响起的，于是他站了起来，仔细看了看石雕。

原来，石雕是一尊"双面神"神像。哲学家从未见过"双面神"，不禁好奇地问："你为什么会有两副面孔呢？"

双面神回答："有了两副面孔，我才能一面查看过去，牢牢地记住曾经的教训，另一面又可以展望未来，去憧憬无限美好的蓝图啊。"

哲学家想了想，笑着说："过去的只能是现在的逝去，再也无法留住，而未来又是现在的延续，是你现在无法得到的。你却不把现在放在眼里，即使你能对过去了如指掌，对未来洞察先知，又有什么具体的实在的意义呢？"

双面神听了哲学家的话，马上痛哭起来，说："先生啊，听了你的话，我至今才明白今天落得如此下场的根源。"

哲学家满脸狐疑。只见双面神说："很久以前，我驻守这座城时，自诩能够一面查看过去，另一面又能瞻望未来，却唯独没有好好地把握住现在，结果这座城池被敌人攻陷了，美丽的辉煌都成了过眼云烟，我也被人们唾弃而弃于废墟中了。"

显然，一个总沉浸在过去和对未来憧憬中的人，是无论如何也不会把心中的梦想实现的。回忆过去，只能一次次地体验伤感，而憧憬未来，却只是空想罢了。唯有把握现在，才是最重要的，也是最有意义的。

很多人听过这样一个故事：古时候有个小和尚，他在寺庙里的主要任务就是打扫卫生，保持院子的清洁。

每天早晨，这个小和尚都要早早起来把院子打扫一遍，即使院子很干净。其实，早上清扫院子里的落叶比较辛苦，特别是在秋冬时节，那会儿每刮一阵风，树上的叶子都会七零八落、漫天飞舞，打扫起来十分麻烦。

这个小和尚眼见这种情况，就琢磨着怎么才能让自己轻松一些，却实在找不到合适的办法。

后来，寺庙里来了个新和尚，这个和尚自以为很聪明，在得知那个小和尚的难处之后，就对他说："你在明天打扫之前先使劲儿摇树，把树上剩下的树叶全部摇下来，后天不就可以不用扫落叶了嘛！你怎么这个都想不到呢？"

小和尚一听，觉得果然是好办法，第二天，他就按照那个和尚的办法，使劲儿地摇晃大树。他还天真地以为，从今以后再也不用每天去扫落叶了。

让他失望的是，隔天早上他起来一看，地上还是一层落叶，无奈，他还得继续扫。这时，寺庙的住持走了过来，看到小和尚一脸苦相，便询问原因。小和尚如实告知后，住持笑着说："傻孩子，无论你今天怎么用力，明天的落叶还会飘下来的。"

在这个世界上，很多事情是无法提前去做的，踏踏实实做好今天的事情，才是面对人生的正确心态。总期待着一步到位，最终很可能连最简单的事情都做不好，连最基本的程度都达不到。

活在当下，是一种睿智的人生态度。其中包含享受当下的一切，

而不去追忆曾经，不对过往的任何失意或得意抱有沉醉感。同时，对于未来只有一个大致的蓝图，却不会妄想未来到底会怎样。

活在当下，是对今天的认可。事实上，只有今天才是真实的，才是正在发生和经历的。如果一个人连今天都不能把握，却去细数过往、展望未来，那么他永远只会活在自己编织的梦境中，只会虚度光阴、庸庸碌碌。想要真正把握住生命，首先就要把握住今天，只有今天，才能给我们一个无悔的人生。

作为青少年，对未来充满信心的同时，应该沉淀下来，不应沉醉在想象中的美好未来中。毕竟那种未来还不曾发生，想让它变成现实的唯一办法，就是努力活在当下，活好每一天，不辜负当时当日。自古以来，那么多有成就者，无一不是务实者，因为务实，他们才知道什么对他们来说是最重要的。

生气不如争气

常言道: 深受了火的洗礼,泥巴也会有坚强的体魄。什么是"火"的洗礼? 在此可以理解成挫折、苦难、困境、不顺等, 或者更具体地说, 是一种让人"生气"的东西。一个人若能从"生气"中跳出来,就能从这种来自内心的磨砺中收获颇丰。

生气不如争气, 与其气坏了自己, 或是沉浸在那些让自己信心泯灭、激情消损的氛围中, 不如打起精神、重振旗鼓, 让自己超乎他人的想象, 这显然是比成为别人口中的"气包子"意义更大。

生气是常态, 争气是"变态"。从一般属性的常态中渐变,即变为"争气"的状态, 这既是人生智慧的体现, 又是个人修养的展示。

真正的聪明人, 不是不会生气, 而是会把生气变为争气, 从生气过度到争气, 让生气催生争气。于是, 我们总是能在书本中看

到一种现实：在巨大的压力和尴尬面前，睿智者凭靠自身修养，化干戈为玉帛。

有一个母亲，在孩子很小的时候，就请高人替孩子算命，高人说："你的孩子出生时，天时地利都是吉兆，有祥云保护，命中带贵，不错不错，是天子之命，将来必定能做皇帝。"

母亲听了高人的话，自然高兴万分，给了高人很多钱，此后逢人就说自己的孩子有皇帝命，以后全家人都可以享福了。周围的人也都笃信不疑，并且十分羡慕。

旁边邻居家的张母也很羡慕，于是又把高人请了过来，让他帮自己的孩子算命。很显然，张母也希望自己的孩子是好命。

可是，高人看过张母给的生辰八字后，摇了摇头，说："朽木啊，不可造也，乞丐之命。"说完，惋惜地一叹，便离开了。

张母为此感到耻辱，见到街坊邻居都不敢说话。可是，世界上哪有不透风的墙？这个消息还是被周围的人知道了，于是这些看热闹不嫌事儿大的人纷纷上门笑话张母的儿子，说张母命苦，竟然生了一个"乞丐儿子"。在众人中，那个有"皇帝儿子"的母亲表现得最为夸张，一副趾高气扬、盛气凌人的样子。张母虽然很生气，但是无可奈何，谁让人家的孩子是"皇帝"，而自己的儿子是"乞丐"呢？

从此以后，这位有皇帝之命的孩子，被父母当宝一样供了起来，要什么有什么，他的母亲逢人便说："看，谁比我家孩子命好，这可是要做皇帝的人！"而另一个母亲——张母，每次看到自己的孩子都摇了叹息："哎，怎么就生了个乞丐？"

　　两种截然不同的态度，造就了两个孩子截然不同的性格。"乞丐"孩子见母亲这样，暗暗下定决心，勤奋努力地学习，他的成绩一次比一次好。"皇帝"孩子呢？因为母亲的缘故，他觉得自己的命特别好，所以不务正业，甚至坑蒙拐骗、打架斗殴。这些事情他的父母都知道，却一直纵容。更过分的是，他每次见到张母的儿子，都会嘲讽一番："哼，臭乞丐，学人读书干吗？快点儿去乞讨吧！哈哈哈……"

　　"皇帝"孩子的母亲，也附和着自己的儿子道："对呀对呀，别浪费你父母的钱财了，怎么样你都是乞丐命的，不像我的孩子，生出来就是皇帝的命！"

　　随着时间的推移，终于有一天，两个孩子都长大了，也各自完成了自己的学业。不过，两人的成绩却令人大为惊叹。

　　那个被高人说有皇帝命的孩子，只是勉强及格，连大学都考不上。加之从小被娇生惯养，继而不学无术，什么都不会，最后沦落成乞丐；那个被高人说有乞丐命的孩子，却因为勤奋学习而成绩优异，被某集团保送为研究生，从此飞黄腾达，摆脱"乞丐命"的说法。

　　两种截然不同的人生，源自两个人截然不同的心境。他们的人生轨迹并不是小时候高人给他们算的那样，而是反了过来。"乞丐"孩子被周围的人所嘲笑，却并没有生气，也没有自暴自弃，反倒更加努力地学习，终于成就了自己的未来。

　　有句话说："我为什么要用别人的错误想法，去惩罚自己的心情？"自己的人生本身便是由自己去决定的，如果别人说你是乞

丐，你便真认为自己是乞丐，那才是真正的愚蠢。

改变他们的想法和看法，并非要用言语相激，而是要用最实用的方法，那就是行动。行动是最好的语言，它会代替一切语言，让你在不动声色之间扭转乾坤。因此，"你可以相信命运，但是绝对不可以认命"，便是这个道理了。

没有谁生下来便是总裁的命，更没有人生下来就要一辈子受穷。一个人是贫穷还是富有，绝大部分因素来自后天。先天的继承再丰厚，若是没有后天的努力，金山银山也一样会被挥霍殆尽。

古往今来，但凡有所成就者，无一不是经历过常人所不能容忍之磨难。更重要的是，他们总能把别人的"不看好"当作奋起的动力，而后取得令人瞩目的成绩。

很多时候，每个人都会或多或少被他人"看低"、"看扁"。当我们决心去做一件事的时候，总会有些人跳出来告诉我们"你不行"。当秉持这种说法的人越来越多时，我们往往也会质疑自己，同时也会气愤不已。遗憾的是，很多人就止步于此，伴随着质疑和气愤原地踏步，不再进取，而是在思考着自己缘何会给他人留下那样的印象中虚掷光阴。等到突然有一天，察觉到事情的本质不在于他人的看法时，那些能帮助我们成事的"天时"、"地利"、"人和"早已不复存在。

生气不如争气，与其把时间浪费在原因上，不如多去为结果积攒能量，这才是最重要的。同时出现的一个附加益处是：一旦我们能在他人常认为的生气中找到让自己争气的"诀窍"，我们的内心修养就在不知不觉中一并得到了升华。

情绪控制

　　人类个性及生存环境等因素的差异性，决定了每个人都有自己的脾气秉性，所以人与人之间能够相互容纳对方的个性，是十分难得的。更多的时候，是人们很难控制自己的情绪，以致好心也办成了坏事，或是因情绪的激动，使得自己在他人眼中是个无甚修养的人。显然，某种意义上说，这并不是来自外界的公平评价。

　　学会控制自己的情绪是十分重要的。从近处看，是一个人内涵、修养的体现；从远处着眼，一个人是否能控制情绪，决定了其日后是否有成就以及成就的大小。

　　如果说情绪是每个人身上独有的刺，那么我们要做的，并不是将这根刺拔掉，而是设法让它不刺伤自己和别人。

　　有一天，美国陆军部长斯坦顿来到林肯面前，气愤地对他说，

有一个少将用侮辱性语言指责他，说他偏袒某些人。林肯想了想，告诉斯坦顿，可以马上写一封内容十分尖刻的信，以此作为回敬。

林肯咬牙切齿地说："可以狠狠地骂他一顿。"

斯坦顿一听，觉得正对自己的意思，于是气愤难当地立刻写下了一封措辞强硬的信。写完之后，他把信先给了林肯，让林肯帮忙看一下。

林肯看过信后，忍不住赞赏道："对了，对了，要的就是这个！好好训他一顿，真是写绝了，斯坦顿。"

斯坦顿很高兴林肯能这么说，这下，他可以好好地解解气了。随即他把信叠好装进信封里。可还没装进去时，林肯突然叫住了他，问道："你干什么？"

斯坦顿用诧异的眼神看着林肯，说："寄出去呀。"

只见林肯脸色一变，严肃地说："不要胡闹。这封信不能发，快把它扔到炉子里去。凡是生气时写的信，我都是这么处理的。这封信写得好，写的时候你已经解了气，现在感觉好多了吧，那么就请你把它烧掉，再写第二封信吧。"

一个人的情绪，自然很容易影响心情，并导致失去理智，无法理智地处理任何事情。当这种情况出现时，我们要做的并不是放任情绪的失控，而是悬崖勒马，用心底最后的理去克制自己将要出现的种种行为。一旦克制不住，起码告诉自己等上 3 分钟，3 分钟的时间或许就是转变自己思路的时间。

一位著名作家说："要想征服世界，首先要学会控制自己。"显然，这是很难做到的一件事。一个人如果真能做到游刃有余地控制自己的情绪，就形同于可以掌握自己的心性了，于是自己的状态就可以被随意更改。如果真能做到这一点，世界上还有什么事情是自己不能做到的呢？

掌控自己的情绪是不简单的，人们总愿意在必要的时候将自己的真实情感发泄出来，而这种情绪对周围环境的渲染，即会让他人对这样的人有一个理智的判断：这个人是不理智的，是难当大任的。

情绪左右着一个人是否会有成就。因为每个人时时刻刻都需要情绪来支配：开心时有开心的情绪，伤心时有伤心的情绪，平静时也有平静的情绪。

情绪是一种修养，是一种不动声色的修养。我们应该时刻把好的情绪展现出来，诸如沉着、勇敢、自信、坚韧、果断、快乐等，把诸如急躁、粗鲁、傲慢、忧郁、伤感等情绪慢慢遮掩甚至剔除于我们的身体。如此一来，我们整个人都会散发出一种异于常人的独特魅力，也就更能吸引成功向我们靠拢了。

科学家曾研究发现：一般人一生平均有 3/10 的时间处于情绪不佳的状态。可见，每个人似乎都在潜意识里同自己的情绪做斗争。如果把这些时间用在促成成功上，那么我们自然能比同等条件下的其他人更快地享受到成功带来的喜悦。

年轻的我们，是激情四射、朝气蓬勃的，也正因为精力的充沛，才导致我们更易出现不良情绪，更易怒、暴躁。因此，我们应该学着让自己沉静下来，表面上可以活力无限，内心却应该平静如水。这样一来，我们在不知不觉间即会展现出一种独特的气质。

宽容的智慧

康有为在《上清帝第一书》中说："尽量宽恕别人，而决不要原谅自己。得放手时须放手，得饶人处且饶人。人有不及者，不可以己能病之。宽以济猛，猛以济宽，宽猛相济。宽猛相济，恩威并重。宽猛相济能成事。宽而栗，严而温。开诚心，布大度。"

宽容，是人性中最美丽的花朵，它滋养着人们的内心，让人的心灵总是湿润、柔软，不会干涸、枯燥。一个能容人之人，在他人眼中是睿智的，是有修养的，是独特的。

当然，宽容也需要智慧。没有智慧、目的的宽容，可能就变成了纵容，这显然是对宽容的错误理解。

宽容不是逃避，不是畏惧，不是懦弱，而是隐忍，是放下，是馈赠。真正的宽容，会让被宽容者心中充满无限感激，他不会觉得自己得到了宽容者的"施舍"、"可怜"和"同情"，宽容者也毫无此心，否则他的宽容也就不称其为"伟大"了。

1994 年 9 月里再平常不过的一天，对一对美国夫妇来说，却是永生难忘的。

这一天，在意大利境内的一条高速公路上，这对美国夫妇带着 7 岁的儿子尼古拉斯·格林正驾车驶向一个旅游胜地。突然，他们后方那辆菲亚特轿车急速超过了他们。车窗内随即探出了几支枪，随后就是一阵射击。

幸运的是，夫妇俩没有生命危险，可他们的儿子中弹身亡。突如其来的变故，让他们悲痛欲绝。按理说，这对美国夫妇对意大利应该痛恨至极，因为他们的儿子就丧生在这片土地上。

令人意想不到的是，这对夫妇在悲伤过后，居然做出了一个惊人的决定：将儿子的器官捐献给需要帮助的意大利人。这一消息的出现，让所有了解事情始末的人都震惊了。要知道，在意大利，即使是正常死亡的本国公民，愿意把自己的身体器官捐献出去的人也是凤毛麟角，而一对外国夫妇，居然愿意这么做，还是将器官捐献给射杀他们的意大利人。

就这样，一个 15 岁的少年得到了一个心脏，一个 19 岁的女孩儿得到了一个肝；一个 20 岁的妇女得到了一个胃，另有两个孩子分别得到了肾。于是，5 名意大利人，在这对夫妇的"拯救"下重获新生。这件事轰动了意大利，也足以令所有意大利人汗颜。

1994 年 10 月 4 日，这对美国夫妇得到了意大利总统斯卡尔法罗奖励的一枚金奖章，这是对他们大海一样的宽广胸怀的赞颂。这对美国夫妇的爱子丧生于异国他乡，他们却没有被悲伤和愤怒冲昏

头脑，而是理智地做出了一件令人称道的事情，这实在令人赞叹。5名意大利人重获新生，其实也等于这对美国夫妇的儿子永远活在了意大利人心中。

宽容，有时候胜过世界上一切唯美的言辞。雨果曾说过这样一句话："世界上最宽阔的是海洋，比海洋更宽阔的是天空，比天空更宽阔的是人的胸怀。"的确，宽容之人的胸怀，是可以包容一切的。不管是愤怒还是仇恨，都会在宽容之下慢慢消失。

拿破仑是一位卓越的军事天才，他在长期的军旅生涯中，慢慢具备了宽容他人的美德。这是难能可贵的，毕竟战场之上手下的一个失误都可能导致极为严重的后果出现，他却能予以宽容，足见其胸怀。

作为军事统帅的拿破仑，自然常常会批评士兵，不过他并不是毫无顾忌地批评他们，而是很好地照顾了他们的情绪。那些被批评的士兵呢？他们往往会欣然接受拿破仑的批评，同时对这位小个子统帅也充满了敬畏和感激之情。显然，这种上下间的无障碍沟通和友善交流，极大地增强了全军的凝聚力。

在征服意大利的一次战斗中，士兵们都很辛苦。拿破仑夜间有巡岗的习惯，那天晚上，他看到一名士兵倚在大树边上睡着了。拿破仑并没有急着叫醒士兵，而是自己拿起枪，站在了岗位上。

大概半个小时后，那名士兵醒来，一眼就看到了统帅。他知道自己犯错了，十分害怕。

不过，让他没想到的是，拿破仑并未发怒，反倒和蔼地对他说："朋友，这是你的枪，你们艰苦作战，又走了那么长的路，你打瞌睡是可以谅解和宽容的，但是一时的疏忽就可能断送全军。我正好不困，就替你站了一会儿，下次一定小心。"

卡里尔说："伟人表现其伟大的方式，在于他们对小人物的宽容与体谅。"拿破仑无疑是这样的人，他没有训斥和责骂士兵，更没有摆出自己统帅的架子，而是以心换心地说出利害关系。显然，有这样的统帅，士兵们怎能不全力以赴呢？试想，如果拿破仑总是摆出一副"以儆效尤"的姿态，总想着压制士兵，让所有人都心甘情愿地为他卖命，相信他早已成了再普通不过的一名军官，是无法成为让人顶礼膜拜的统帅。

周秀义说："宽容，是一种豁达，是一种博大的胸襟，是宽大气度的显现、延续和升华。宽容无价，宽以待人，这是人生处世的基本法则。它不仅可以帮助他人，还可以大大增加我们对自己的满意度。但宽容有度，正如俗语所说：慈悲出祸害，无原则地宽容确实非常不值得提倡。宽容应该有智慧的辅佐。缺少智慧的宽容就像是一个从没下过厨房的人想帮点儿忙，结果只能是越帮越忙。"

宽容是一种艺术，一种只有用心才能习得的艺术。人生是短暂的，在这短暂的生命里学会宽容别人，我们生命即会因此而更有深度、广度。

年轻的我们，也一样需要学会宽容。身在校园，终日接触的是老师、同学。与老师之间，似乎谈不上宽容；与同学之间，可以宽容的地方实在太多了。

口舌之争，不经意地揭疮疤，不以为然地伤害，这些都应该换来等值的宽容。懂得宽容、善于宽容、有智慧地去宽容，你在他

青少年成长必备丛书

人眼中就将变成一个智者。

　　宽容不是吃亏，更不是上当。可能有人会觉得，你去宽容别人，别人也未必会领情。事实上，这种想法在本质上就是错误的。如果我们去宽容他人，是为了得到回报，那么这种宽容不要也罢。

　　宽容是由心而生的，是不计回报的。一个人能做到真正地宽容他人，若谈及回报，也不一定是那个被宽容者给予回报，而是生活给予他意想不到的惊喜。一个人有了宽容之心，就会养成宽容的习惯。久而久之，他在别人眼中，就是一个独特的人。这对他自己而言，也将是一次非凡的人生体验。

 # 幽默是一种生命的色彩

大师卓别林说过："幽默是智慧的最高体现，具有幽默感的人最富有个人魅力，他不仅能与别人愉快相处，更重要的是拥有一个快乐的人生。"

幽默是人性中最睿智的一面。这种特质，也是一个人智慧的象征。当然，并不是说，一个人不够幽默，他就无法干成一件事。或者可以这样说，幽默似乎是一个附加特质，即成功者也未必一定幽默才行。不过，值得一提的是，大多数成功者都有一定的幽默感，因为他们有足够的智慧。

当然，从另一个层面讲，很多成功者懂得幽默的意义。它是化解尴尬的调味剂，是调节气氛的新鲜空气，它能拉近与陌生人的距离。

幽默更是一种生命的色彩，是一个人积极乐观地面对生活的

表现。懂得幽默的人，能直面人生中的逆境、波折、坎坷，总能在笑一笑中跨越重重障碍。

罗斯福在还未当上总统之前，家中曾遭盗窃。朋友为了安慰他，便写了一封信。罗斯福看过信后，马上回信："谢谢你的来信，我现在心中很平静，原因是：第一，窃贼只偷去我的财物，并没有伤害我的生命；第二，窃贼只偷走了部分东西，而非全部。"

显而易见，幽默的神奇妙用，就在于让人的心境瞬间不再紧绷，转而放松到一个很自然、平静的状态。

小眼睛、大嗓门儿、口音重、爱搞怪……这个人是谁？说出名字便众所周知了，他就是毕福剑。说实话，毕福剑的长相很一般，虽然长相不是他的优势，但是《快乐驿站》、《星光大道》加上《梦想剧场》，就使得这个长相一般的"毕姥爷"实在太不一般了。

曾经，毕福剑被问到为什么"这么火"。只见"毕姥爷"一脸坏笑地说："可能大伙突然看出我漂亮来了。"他说："我的长相恰恰是我不是个专业主持人，和观众没有距离感。我的优势在于，我一出场，观众根本不把我当回事儿。大家一看，这人都长成这样了，说话标准不标准也就不在乎了。你要换一个正规的主持人，在现场要想与观众距离拉近，肯定没有我占上风。我可以尽兴地和大家开玩笑，但是帅哥们就不行。"这段话说完，"毕姥爷"那招牌式的"一脸褶"笑容又出现了，随后又说："嘿嘿，这样大家就不知不觉地把我当成自己人，然后就不知不觉地进了我的圈套。大家上了我的'当'还偷着乐呢！"

有一次，毕福剑回到自己的家乡做节目。在台上刚主持了一会儿，他就遇到了"挑战"。

台下不知道谁喊了一声："老毕你行啊，回家还不认识人了？"

毕福剑一愣，循声望去，就看见台下黑压压的人群中闪出一团"青光"。随即他笑着说："哪能不认识你呢，标志这么突出，这不是陈寒柏嘛！"

陈寒柏听完毕福剑的"挖苦"，随即回敬道："我还以为你眼睛小看不见呢。"

没想到"毕姥爷"根本不以为然，笑着说："人家都说了，我和林忆莲长的都是'凤眼'——她是凤凰的凤，我是门缝的缝。"

一番话，逗得台下观众哈哈大笑。

毕福剑的幽默是有目共睹的，抛出他本身长相上的"喜感"外，只要他站在台上，几句话一说，观众们肯定拍手叫好，而且满脸堆笑。这就是一个人的幽默功力。

很多时候，幽默不是说出何种妙语连珠的话，只要气氛相当、环境相当、人物相当，随意的几句简单的话，也一样能达到最佳效果。

林肯说："幽默口才是社交的需要，是事业的需要，一个不会说话的人，无疑是一个失败者。"

幽默的人总能吸引更多人与之交往，这无疑会扩大其交际圈。交际圈对于一个人事业的成功，起着举足轻重的作用。固此，幽默在某种程度上说，也是促成成功的因素之一。

因此幽默是一种阅历和智慧的体现，所以年轻的我们可能还无法领悟到幽默的真正深意，可能平时几句玩笑话，就觉得是幽默

了。殊不知，距离真正的幽默还有很长一段距离。

　　日常生活中，我们不妨多去阅读关于幽默的书籍，多积累有趣的话语，即便是死记硬背下来，可能在某些场合也是很适用的。而当你在某一次或几次里，成功地运用了所学，你就会了解到，在一定的场合下，说出那些话会让人觉得你很有幽默感了。更关键的，还在于幽默不只是要获得他人的好感，还应该能为自己创造更多的社会性机会，这对于身在校园的我们而言，或许才是最重要的。

谦虚是不可缺失的品质

斯宾塞说："成功的第一个条件是真正的虚心，对自己的一切敝帚自珍的成见，只要看出同真理冲突，都愿意放弃。"

谦虚作为一种完美的品质，是人人都应该具备的。这种品质，是美德，更是一个人身上难得的气质。谦虚之人，就如午后的阳光，温暖而不炙热，任人与之相处而不会受伤，反而都会从他的身上得到一种来自对生活希望的热忱力量。

一个人的内心到底纯净与否，其实很大程度上与是否谦虚有关。谦虚不是虚情假意，不是推诿，而是真正降低格调，站在"低人一等"的位置上。这种"低"，是不沾沾自喜、不居功自傲、不傲慢自大，它折射出的是一个人内心的强悍，与外表刚柔无关。

懂得谦虚之人，从不会满足于自己所取得的一点儿成就，即便那已经是在世人眼中的不俗成绩。就如古代皇帝打下了江山，此

119

后便不思进取，夜郎自大起来，试问有什么理由不灭亡呢？这类人的停止向前，其实就是一种倒退。

巴甫洛夫说："无论在什么时候，永远不要以为自己已知道了一切。"

那些不懂谦逊之道的人，总以为自己懂得任何事情，却不知一个人一旦心生傲慢，那么他所取得的任何成绩都不会令人赞叹。

阿道夫·贝耶尔，是德国著名的有机化学家，他因合成蓝靛而对有机染料及芳香族化合物的研究贡献巨大，并在1905年获诺贝尔化学奖。这样一位对人类科学功勋卓著的人物，年轻的时候也曾是个"自大的家伙"，因为他能及时改掉毛病，所以才有所成就。

阿道夫·贝耶尔10岁生日那天，开心得和所有过生日准备收礼物的小伙伴一样，他也觉得父母一定会为自己举办一个生日聚会，热闹地玩儿上一天。可是，结果很让他失望，母亲一早就把他送到外婆家，他的生日就是在无聊中度过的，父母谁都没提他生日这件事。

小孩子总是会喜形于色，他的表现怎能躲过母亲的眼睛呢？回家的路上，一向叽叽喳喳的他沉默不语，小嘴撅得老高。母亲见状，平静地说："我生你的时候你爸爸41岁，还是个大老粗。现在他51岁了，却跟你一样，正在努力读书，明天还要参加考试。我不愿意因为你的生日而耽误他的学习，时间对他来说实在太宝贵了，你现在还小，也要学会珍惜时间。"

母亲的话如春风一般，瞬间让阿道夫·贝耶尔内心的冰冻融化，年幼的他，霎时感到了一种前所未有的幸福感。后来他回忆说："这是母亲送给我 10 岁生日的最丰厚的礼品。"

这份"礼物"一直伴随着阿道夫·贝耶尔成长，只是很多时候年轻人总会在某些事情上暴露出"不知所谓"。

念大学时，阿道夫·贝耶尔在物理、数学和化学方面就已经表现出不俗的天分，加之他很勤奋，所以学业上进步很快。

一次，他和父亲闲聊起当时著名的德国有机化学家贾拉古教授，贾拉古教授在化学界很有权威。所谓"树大招风"，贾拉古教授也常遭到一些化学界"老字辈儿"抛出的问题的挑衅。

年轻气盛的阿道夫·贝耶尔似乎对这位前辈也有些"微词"，当然，也可能因他自己做出了点儿成绩。他说："贾古拉只比我大 6 岁……"话未说完，父亲便狠狠地瞪了他一眼，说道："难道学问是与年龄成正比的吗？大 6 岁怎么样，难道就不值得学习吗？我学地质时，几乎没有几个老师比我大，老师的年龄比我小 30 岁的都有，难道就不需要学了？我一样恭恭敬敬地称他们为老师，认认真真地听他们讲课。不管是谁，只要有知识，就应该虚心向他学习。"

阿道夫·贝耶尔的父亲用自己的举动教育了儿子，告诉他无论何时都不能骄傲，都要谦虚做人、谨慎做事，这对阿道夫·贝耶尔的影响不是暂时的，而是一生的。

古语有云："满遭损，谦受益。"一个谦虚谨慎的人，总会收获人生最完满的馈赠；相反，骄傲自大、目中无人者，获得的唯有损失。

老舍说："骄傲自满是我们的一座可怕的陷阱，而且这个陷阱是我们自己亲手挖掘的。"的确，任何一个自大的人，他的这种

无礼行为都并非别人给予的，而是来自他的内心，他认为自己高于别人，所以才表现出趾高气扬的状态，这样的人，可能只会赚得言语的益处，却会丧失生命中最可贵的品格。

谦虚是一种品质，更是一种气质。有了这种气质，一个人在人群当中会更受瞩目，因为他们在与人交往中，总把自己的身份压低，总以次要地位出现，不会给他人造成压迫感、紧逼感。懂得谦虚之道，也是一个人内心修养的表现。

身在校园的我们，也应时刻把谦虚的一面表现出来。对待老师，我们本身作为知识的获取者，应对给予者有一份尊敬之心，应虚心受教；对待同学、朋友，不能以自己在某一方面的成绩而多加炫耀，甚至以此去取笑他人。

学会谦虚，懂得谦虚，对我们日后走出校园、接触社会更是益处颇多，这会让我们的人际交往更顺畅。

大志不辱小事

　　古之成大事者，必有大志，有大志向，才有大目标，才能成就普通人所不能成之事。任何大事都由小事组成，因此但凡能成就不世之功的人，也无一不是重视小事、重视细节的。这些人正因抓住了眼下的每一个细枝末节，才寻得制胜之道。

　　"天下难事，必做于易；天下大事，必做于细。"重视细节素来是成功者不可或缺的特质之一，惠普公司创始人戴维·帕卡德说："小事成就大事，细节成就完美。"可见，每个在我们眼前辉煌无比的成绩，无一不是小事、细节积累出来的。

　　志向几乎每个人都有，但在成就大志的过程中，却并不是每个人都安心于做小事、重细节，善于从每一个小方面找出成功之道。往往成功就隐藏在小事之中，它是显而易见又容易被忽视的，只有那些足够细心的人，才配得上拥有成功。

123

英格兰流传着一句著名的民谣："少了一枚铁钉，掉了一只马掌；掉了一只马掌，丢了一匹战马；丢了一匹战马，败了一场战役；败了一场战役，丢了一个国家。"这应该是对细节最完美的诠释。那些不重视小事、忽视细节的人，不但难以成功，就连他们已经取得的某些成绩，都可能因此而葬送。

焦耳是英国著名科学家，他在热学、热力学和电学方面功勋卓著，后人为了纪念他，用他的名字"焦耳"来表示"能量"或"功"。

小时候的焦耳，就在物理学方面表现出异于同龄人的天赋。关于电和热这一类别的实验，每每都让焦耳乐此不疲。有一年的暑假期间，他和哥哥一同外出郊游，喜好做实验的他，仍不忘在玩耍的时候找些新"乐子"。

两个小家伙找来了一批腿已受伤的马，哥哥在前面牵着马，焦耳则悄悄躲在后面，借助电池将电流倒入马身，他是想看看马被通电后会有怎样的反应。结果，马一下子受惊了，狂跳起来，这种反应焦耳确实看到了，哥哥却差点儿被踢伤。

危险的出现，并未打消焦耳继续实验的积极性。他和哥哥划着小船来到湖上，四周皆为高山。这一次，焦耳想实验一下这里有多大的回声。

他把提前准备好的火枪拿出来，在里面塞满火药，然后扣动扳机。只听"砰"的一声，回声随即响起，伴随着回声出现的，是火枪口冒出的一条火苗，它毫不客气地烧光了焦耳的眉毛，差点儿把哥哥吓得掉进湖中。

就在两个小家伙惊魂未定的空当儿，天空中突然乌云密布，电闪雷鸣，看起来马上要下雨了。焦耳和哥哥见状，赶紧把船划到岸边，寻找躲雨的地方。

这再常见不过的雷雨天，却让焦耳找到了"新鲜点"。他见每次闪电过后，要过上一小会儿才能听见雷声，这很让他好奇。于是，他顾不得躲雨，拉着哥哥跑到一个山头，用小怀表记录着每一次闪电和雷鸣间相隔的时间，并不住地盘算着什么。

这个"意外"的发现，让焦耳思考了很长时间。开学后，他迫不及待地把自己所做的实验全都一股脑儿地告诉了老师，当然，那个关于闪电和雷鸣的发现，是他最想知道的谜底。

老师听完后，笑着告诉好学的焦耳："光和声的传播速度是不一样的，光速快而声速慢，所以人们总是先见到闪电再听到雷声，而实际上电电雷鸣是同时发生的。"

焦耳一听，藏在心中的谜团顿时解开了。此后，他对于有关科学的知识更加痴迷，并总会在不断地学习和发现中寻得亮点。最终，留心观察生活的他，发现了热功当量和能量守恒定律，并逐渐成为世界上著名的科学家。

显而易见，焦耳因重视身边的每一个细节而练就了一双发现真理的眼睛，这种善于观察细微事物的习惯，促成了他日后的成功。

焦耳的成功，与他关注身边每一个细节而养成的习惯密不可分。正是因为不放过任何小事，他最终才完成了科学领域的大事。

细节决定成败，小事决定大事，这些道理在年轻的我们耳边，也已是老生常谈的道理了。但是，我们是否当真关注小事，重视细节呢？是否真的用心去对待每一件小事，设法把它们凝聚成大事

呢？相信多数人在面对这样的问题时，都不敢给予肯定答复。

生活中，那些真正注重小事的人，无一不是心思缜密的。他们对待任何事情都十分用心，不会敷衍，不会糊弄，他们由此而具备的认真劲儿，恰恰是发现每一件小事、做好每一件小事的能力。

步入社会对于年轻的我们而言，是早晚的事情，社会需要的是能创造价值的人，而非浑浑噩噩度日的懒人。主动去发现身边的小事，从细节之处着眼塑造未来，我们才不枉从每一个学习阶段艰辛走过。校园生活并不轻松，但是只要我们抓住点滴，慢慢积累，就一定会收获想要的人生。

第五辑

乐观的心态

 # 微笑的魅力

有这样一句话："女人出门如果忘记了化妆，最好的补救方法便是亮出你的微笑。"由此可见微笑的重要性。

一个微笑，能够融化一颗心，融化一座城市，融化整个世界。卡耐基说："只要你时时超越自我情绪的困惑，让面孔涌起微笑，就会感染他人，形成你与他人之间人际关系的良性循环。"

是的，一个人的情绪即来自内心，无论是高兴还是难过，你的情绪都会迅速感染到身边的人。试着去微笑，试着让微笑成为我们的一种气质，无论我们情绪怎样，真诚地对他人微笑，是可化忧郁为阳光、化污浊为清净的。微笑，是让对方打开心门的一把金钥匙。

微笑，就像阳光，滋润了大地上每一个生物；微笑，就像润滑剂，消除了彼此的陌生感；微笑，就像创可贴，抚平每一个伤口。努力

去微笑，你的人生必定绚丽多姿。懂得微笑的人，心里自然充满阳光。

一个公司的老板要坐飞机到外地出差，飞机起飞前，老板感觉肚子不舒服，于是他请求空姐帮他倒杯水吃药。空姐听后，非常友善地笑了笑，十分礼貌地说："先生，为了您的安全，请稍等片刻，等到飞机起飞进入平稳状态后，我会马上把水送给您，可以吗？"

十多分钟过去了，飞机已经进入到了平稳状态，老板要的水却迟迟没有送来，他有些生气，于是按响了乘客服务铃。过了一会儿，空姐端着水进入了客舱，来到老板面前，小心翼翼地将水递到老板面前，微笑着说："先生，非常抱歉，由于我工作上的疏忽，延误了您的吃药时间，请您原谅我给您带来的麻烦。"

虽然空姐主动道歉，但是老板仍然非常生气，他指着自己的手表说："你看看，现在已经过了二十多分钟了，要是给我的身体造成影响，你们能付得起责任吗？"空姐依然保持着微笑，说道："先生，实在是抱歉，因为刚才工作太忙，所以忘记了给您倒水，听到铃声我就赶快给您送水过来……"

不管空姐怎么解释，这个老板都不肯原谅空姐工作上的疏忽。在接下来的飞行途中，这个空姐每次给乘客服务，只要从这个老板的面前走过，她总是面带微笑，十分有礼貌地询问他是否还需要服务，然而老板一时怒气难消，每次都对空姐不予理睬。

飞机即将降落，空姐又一次来到了老板面前，她依旧面带微笑、态度和蔼地问老板是否需要什么帮助，老板没有理她，而是叫空姐把乘客留言册送过来。空姐知道，对方是要投诉自己，虽然为此感到非常难过，但她还是微笑着对老板说："先生，对不起，请您允许我再一次向您表示真诚的歉意，不管您提出什么意见，我都会欣然接受您的批评。"老板看着她，没有说话，只是打开留言册认真地写着。

当飞机顺利降落到机场后，空姐忐忑不安地打开留言册，她怎么也没想到，那上面并不是什么投诉建议，而是热情洋溢的文字。那个老板在留言中这样写道："你的热情服务方式和你表现出来的真诚的歉意，特别是你一次次的微笑，深深地感动了我，让我放弃了投诉的想法。你们的服务非常好，相信以后我还会再乘坐这你们的飞机的。"一次真诚的微笑，化解了一次误解。微笑的魅力，在此显露无疑。

空姐用最温暖的笑容表达了自己真挚的歉意，也用一种无声的语言传递给对方自己微笑的魅力。

真正的微笑，是来自内心的，是充满情感的，是能让他人感受到那份真情实意的。毫无包装、修饰的微笑，是世界上最有魅力的。

在生活中，我们也应如此。无论在校园还是校外，如果我们能微笑地面对每一个人、每一件事，微笑着面对成功与失败、高兴与难过、健康与疾病，或许一切的不顺都将在不经意间改变模样儿，蜕变出我们渴望见到的一面。

更重要的是，微笑不仅仅是人际交往中的润滑剂，它更能折射出一个人的心态是否积极、乐观。试问，终日愁眉不展、怨天尤人之人，他的微笑又怎能让人读出积极的含义呢？做一个乐观的人，做一个笑容满面的人，你的生命将绚丽多彩！

懂得自爱

　　生活中，有太多人渴望得到别人的认同，他们把来自他人的评价当作自己是否有价值的标准。他们在意别人对自己穿着的看法，对自己言行的看法，他人稍有微词，他们便不自信起来，变得十分郁闷，心情极度低落。

　　其实，每个人都应该为自己而活，都要学会自爱，根本不必在乎别人对自己的看法。当然，这不意味着我们不接受别人给予我们的积极建议，只是不要把无关痛痒的评价放在心上就好，更无须为了那三言两语的评价而变得消沉。

　　为自己而活，学会发现自己的闪光点，不去嫉妒和羡慕别人，只做最真实的自己，那样的我们会更快乐，也会更阳光、向上。更重要的是，一旦我们整个人是乐观的，就会吸引更多乐观者与我们为伍，这种人性的魅力和难得的气质，并非每个人都能拥有，只有那些不看轻自己，努力绽放自己，哪怕如星火般光亮的人，才会发出耀眼的光芒。

对于很多年幼的孩子来说，孤独意味着失去一份本应存在的自信与安稳。有这样一个小男孩儿，他生长在孤儿院中，并不晓得自己的父母是谁。他总会悲观又伤感地对院长说："像我这样没人要的孩子，活着究竟有什么意义呢？"

对于这个问题，院长总是笑而不答，他知道，小男孩儿随着年纪越来越大，已渴望得到尊重与爱了。

这一天，小男孩儿又问出了同样的问题。这次，院长拿出一块石头递给他，并说："明天早上，你拿这块石头到市场上去卖，但不是真卖。记住，无论别人出多少钱，绝对不能卖。"

翌日，小男孩照着院长的话到了市场，他蹲在市场的一个小角落，等待着买家出价。出乎他意料的是，这块很不起眼儿的石头却当真有人询问价格，不少人都表现出购买的兴趣，因此价格被哄抬到很高的位置。

小男孩儿牢记院长的话，无论多高的价格都不出售。回到孤儿院后，他把情况一一反映给院长。院长笑了笑，告诉他明天把石头拿到黄金市场出售。

第二天，小男孩儿来到了黄金市场，让他更为吃惊的是，居然有人出比前一天高 10 倍的价格购买那块普通的石头。

回到孤儿院，小男孩儿把发生的事情告诉了院长，院长让他把石头再拿到宝石市场去展示。这一次，石头的价格再度水涨船高起来，又升值 10 倍。即使如此，院长始终都没让小男孩儿把石头

卖掉，也正因小男孩儿一直不肯出售，外界传言他的石头为"稀世珍宝"。

小男孩儿把外界的传言告诉院长，并带着大大的问号询问这一切到底是为什么。院长告诉小男孩儿："生命的价值就像这块石头一样，在不同的环境下就会有不同的意义。一块不起眼儿的石头，由于你的珍惜而提升了它的价值，竟被传为稀世珍宝。你难道不就像这块石头一样吗？只要自己看重自己，自我珍惜，生命就有意义、有价值。"

每个人其实都是小男孩儿手里的那块石头，在正确的时间，把自己摆在正确的位置，就能发挥出最大的能量，做出超越我们想象的成绩。

小男孩儿手里的石头，更是因"奇货可居"而逐渐具有越来越高的价值。当然，更深层的意思，即是每个人都不能轻视自己，每个人都有存在的价值和意义，都有创造奇迹的能量。差别只是在于，有些人相信自己能闯出一片属于自己的天地，他们爱惜自我，善待自我，从不去苛责自我或抱怨，最终他们的内心也充满了积极向上的热情和能量；有的人则自怨自艾，灰心丧气，即使生活没有抛弃他，他却先主动抛弃生活，抛弃一身的潜在能力，不去挖掘，只会荒废。

对于身在校园的我们而言，对此到底要如何抉择呢？在我们中间，大部分人并非是苦命的孩子，起码比起故事里的小男孩儿幸运得多、幸福得多，可是，我们是否也有一块可以待价而沽的"石头"呢？

其实，这块石头就是我们本身。一个人若能善待自己，就会让自己远离阴郁和消极，会主动而频繁地接触正能量，也会释放自己身上的乐观情绪，这显然能感染身边的人。久而久之，他们就会被你这种魅力和气质吸引，愿意成为助你成功的推动力。

年轻的我们，心中应怀有一份乐观向上的元素，因为不管哪个领域的成功者，若终日愁眉苦脸、垂头丧气，那么即使有无数的机会，也只会擦肩而过。唯有那些视自己为瑰宝者，才能每日喜悦无穷，而这是吸引成功的最强引力之一。

永远不要灰心

有这样一首歌的歌词："请不要灰心，你也会有人妒忌。"是的，每个人都有优点和缺点，拿自己的缺点去对照别人的优点，我们只会自卑、灰心丧气。因此，每个人都应拥有一种乐观积极的心态，多去发觉自身的优势，逐渐改掉毛病。

我们在生活中会遭遇很多不如意，会有很多烦恼。面对这些不如意时，我们永远不要灰心，不要气馁。没有人会喜欢与总是垂头丧气的人接触，那样只会让自己内心那片晴朗的天空遍布乌云。自信、阳光、积极、乐观的人，总会在人与人的交往中成为主角，因为他们的那些特质是成功者的气质。

"长风破浪会有时，直挂云帆济沧海。"无论风浪多大，我们也不应低头，对于人生来说，我们眼下经历的所有困惑和挫折都是短暂的，都是渺小的，都是不值得一提的。想想未来成功的我们，再想想眼下的困难，它们又算得了什么呢？

当然，并不是每个人都会获取成功，但成功的标准却不尽相同，无论怎么说，一个乐观积极的人，也是生活的智者、胜者，对于他们而言，生活需要困难和挫折来调剂，一帆风顺的人生哪里有乐趣呢？显然，拥有这般心态的人，本身便是乐观的。

抱定积极的态度去生活，再曲折的路也会变直，再颠簸的坎儿也会跃过。一个人永远不灰心，永远保持乐观，才能在生活和工作中如沐春风，才能活得畅快淋漓。

1911 年，她出生在木县，因为父母亲经营大米生意，她的童年时光是在无忧无虑中度过的，毫无烦恼。到了 20 岁以后，她的人生轨迹发生了变化，她认识了一个男人。

与这个男人迅速恋爱后，两人结婚了。结婚半年后，她才发现对方是个无赖，与这样的人怎能相守一生呢？无奈之下，她选择了离婚。

33 岁时，她遇到了一个厨师，这一次，阅历教会了她辨识别人，她觉得自己找到了幸福。很快，他们擦出了爱情的火花，并结婚。婚后的日子是幸福的，她开始了一段温馨而温暖的生活。日子过得和和美美，他们一直相濡以沫。可好景不长，注定的不幸怎么也躲不过。她的丈夫在一次意外中不幸身亡，她变成了寡妇。此后，她过上了独居的生活，再也没有嫁人。

她年轻的时候，就是一个对文学特别感兴趣的人，只要一有空闲时间，书都会出现在她的手里。到了五六十岁时，她又喜欢上了舞蹈。就这样，阅读和跳舞都满足了她精神上的需求，连独居也

变成了享受，她觉得自己从未如此丰足过。

舞蹈不仅让她拥有一个健康的身体，还为她的生活增添了许多乐趣。对她来说，年龄仅仅是一个数字而已。她懂得享受生活，即便是一个人生活，她也要活得多彩多姿；即便不出门，她也会每天把自己打扮得漂漂亮亮，不辜负生命中的每一天。

在她 92 岁高龄的时候，她仍然没有放弃跳舞。遗憾的是，有一次在跳舞的时候，她不小心扭伤了自己的腰。受伤以后，她的心情一度很低落，因为以后都可能无法再跳舞了。她的儿子看她心情如此沉重，就让她把注意力分散到别的地方，并劝她尝试写诗，因为她年轻时就一直梦想着能写诗。

儿子的建议给了她对生命新的希望，她也不断地鼓励自己。很快，她尝试着写诗，用心去书写每一个生命过程。

她的努力没有白费，当她看到自己的诗歌在报刊上发表时，她显得非常兴奋，这为她日后继续写作打下了良好的基础。

2009 年秋，98 岁的她出版了处女诗集《别灰心》，发表当年的销量就超过了 150 万册，并进入日本 2010 年度畅销书前 10 名。众所周知，日本的诗歌书籍印量都是很小的，一般只印几百本而已，而她的成绩，无疑创造了日本诗歌书籍出版业界的"神话"，她也被称为"传奇"。

爱情、梦想和希望，在她的诗歌中俯拾皆是，那一段段文字，像阳光一样温暖，像空气一样清新，更如被大自然赋予了生命，跃进每一个有情、有梦者的心中。

98 岁的她，也能快乐地写诗，这无疑是个令人惊讶的现实，更关键的还在于，她的诗歌都充满了激情。

当时《产经新闻》的《朝之诗》专栏编辑在《别灰心》的序言中说："只要看到柴田婆婆的诗，我就仿佛感受到一丝清爽的风吹拂脸庞。"毫不夸张地说，她的诗歌已经达到了一个高度——生活和生命的高度。

2011年初，她的第二本诗集《百岁》正式问世，这也许是她作为"百岁老人"对生命最崇高的告慰。有记者曾问她，是否意识到自己有100岁了，她开玩笑地说："写诗时没有在意自己的年龄。看到写好的书，才知道自己已经100岁了。"

她，就是这样乐观的一个人，面对生活的种种困难、波折，从不低头，即使一个人寂寞地生活了几十年，这其中也会有暂时的垂头丧气，可她仍凭借着心底的乐观力量重新昂起头颅。她经历了太多的人间悲喜剧，并眼睁睁看着自己接近死亡，然而已经100岁的她依旧对生活充满希望，她经常对自己说："喂，说什么不幸，有什么好叹气的呢？阳光和微风从不曾偏心，每个人，都可以平等地做梦，我也有过伤心的事情，但活着真开心，你也别灰心。"

她是一个对困难不屑一顾的人，她是一个可手持生命的利剑刺穿磨难的人，她就是柴内丰，一个日本老婆婆，普普通通，却又不俗。她一直怀揣着写诗的梦想，90岁之前，她还籍籍无名，可90岁之后，她一举成名。更重要的不是她的名气，而是她对待人生的乐观态度、不灰心的精神，这胜过世间所有的名头桂冠。

柴内丰拥有一颗乐观的心，即使她经历了那么多挫折，也从来没有灰心过，从来没有向困难低过头，这是因为她面对人生的不

顺时，始终对自己充满信心，从不气馁。

乐观向上的人，总会把自己的心态调整到适合的状态，不管面对何种困难，也不论未来的路有多艰辛，他们始终抱定信心。这样的人，在人生的道路上只会越走越顺，因为他们有一种不言败、不灰心、不放弃的精神。

年轻的我们，也许很容易被困难打倒，我们还没有太多的社会经历，还不曾体会到人生中真正的苦痛。但是，在未经历这一切之前，我们也需要练就一种永不言败的精神。虽涉世不深，但我们的生活和学习中一样有等量的困难，面对它们，应该秉持何种心态？

如果往日的我们在难题面前还打退堂鼓，不妨学学柴内丰奶奶，90多岁的她仍对生活充满热情，没有消磨年轻时的激情、热忱。现在的我们，要做的是靠自己的力量重新站起来，只有不灰心、不气馁，才能勇敢地面对困难。

人的一生，总会遇到种种不如意，坦然去面对，把这一切当作磨砺和训练，当作必然经历的一个过程，也许我们就自然而然地具备了"抗难"的能力，也会养成在障碍面前永不灰心的习惯，这个习惯值得保持一生。

不计较，更快乐

　　人的一生有得有失，有喜悦就有悲伤，有波折就有顺畅，所以每个人都不必为了眼下的遭遇或喜或悲，那只是短暂的生活状态而已。要想做到这一点，我们就要培养"不计较"的心态。只有凡事不去计较，我们才会过得更快乐。

　　成功是每个人都想拥有的，无论哪种程度或类型的成功，只要我们自己心中的梦想得以实现，那么我们自当快乐无比。但是，并非所有人都能如愿以偿，甚至大部分人都难以得偿所愿。此时，我们当真要陷入失败中而郁郁寡欢吗？

　　试着不去计较成功与失败，试着扭转自己的心境，找到快乐的真谛。那时，我们才会发现，当你保持着平和、乐观的心态去面对人生中的公平与不公平时，就已是一种豁达般的成功了，远比实现梦想更有价值。

有一对亲兄弟，哥哥是一家大企业的科技精英，弟弟是摄影师。两兄弟虽是从小一块长大，所受教育和身处环境相同，但他们的性格迥异。

哥哥能说会道，极具领导才能，读书、体育、才艺等方面样样俱佳。弟弟呢？他只比哥哥低一个年级，也就读于哥哥所在的学校，因此压力巨大，老师都会说："啊，你是XX的弟弟吧？你哥哥……"

老师们的嘴里都是对哥哥的褒奖，弟弟心里产生郁闷情绪是自然而然的。更糟糕的是，哥哥长得也比他英俊，如此说来，弟弟身上没有一点能超越哥哥的了。

在学校里，弟弟总会成为哥哥的参照物，在家里也是一样。一旦他闯祸了，妈妈总会说："跟你哥哥学学，你哥哥从不让我操心的。"每次考试出了成绩，爸爸也会对着成绩单边摇头边说："咦？你哥哥没怎么念书，成绩就很好呀，书有那么难念吗？"

弟弟其实也很努力，可不管怎样，都无法让别人像夸赞哥哥那样夸奖他。年纪轻轻，就要承受这样的心理压力，弟弟开始变得愤世嫉俗了，甚至背地里讽刺哥哥："总有一天，你会聪明反被聪明误的！"嘴上这么说，他的心里其实仍以哥哥为荣。

哥哥呢？始终像太阳一般发光发热着。他考上了重点高中，高考后也进入了自己理想的学府。弟弟最终连公立高中都考不上，前途看起来有些堪忧。

爸爸见两兄弟差别巨大，就说："好吧，家里只要有一个人念大学，我就不算辜负老祖宗了。"就这样，哥哥去读大学，弟弟则选了很感兴趣的高职美工科。

哥哥一路按照既定的发展路线走着，大学念完就读硕士，之后进入一家电子公司，成了科技精英，这是很让父母引以为豪的，父母逢人便夸奖自己的大儿子。

弟弟在高职毕业后，发现自己对摄影很有天分，他也很喜欢，一连应聘几家公司后，他终于成为一个摄影师的助理。对此，爸爸妈妈也没有对他抱有更大希望，能养家糊口，以后娶妻生子过小日子就可以了。

随着时间的推移，有些事情发生了逆转，很多既定的料想也瞬间发生变化。哥哥每日忙碌不堪，身体负重巨大，有一次在公司加班差点儿"过劳死"。而弟弟呢？他后来成了某家电视公司的摄影记者，终日游走于各地采风，领略各方文化。他的心境也与以往不同，或者说，他从小开始就没更多去计较自己与哥哥的"优劣"，他如实地接受自己的当下，没有抱怨，也不灰心丧气，更不计较别人对哥哥的褒奖以及对自己的漠视。当然，年幼的他还是有些情绪的，可这并不能左右他成为一个快乐的人。不计较，让弟弟成为一个对生活抱有乐观态度的胜者。

可见，一个不计较的人，才能将自己的潜能发挥出来，他会活得更真实、更快乐、更重要的是，一个人选择为自己而活，内心必然会时时充满积极的阳光。

每个人对生活方式都有自由选择的权利，当我们选择轻装上路，也就选择了拥有自由和乐观，我们可能遭遇挫折和挑战，但因为那是我们自己的选择，也就不会去过多计较得失了。

　　一个不计较的人始终会快乐，他的标准会降低，对他人的要求会降低，对生活的寄托也会降低，心境的畅快感却从未降低。相反，真正不计较的人，才会获得人生无限的乐趣。

　　年轻的我们，本已拥有一颗可盛装世界的心，这已经是我们最大的财富了，所以为何还会为了眼下一丁点儿小事惆怅不快呢？为何去计较鸡毛蒜皮的小事呢？挺起胸膛，昂首阔步，朝着心中终极的目标一步步迈进，只把途中的荆棘当作调味品，相信终有一天，我们会得到所想的一切。

解除心中的不快

　　人生的道路蜿蜒曲折，难有一帆风顺的始终。万事如意，只是人们最诚挚的祝愿与祈盼。每个人都难以决定脚下的路途能否平坦开阔，看似只剩下无可奈何的叹息声，殊不知，路途如何并不重要，重要的是心中所想。

　　决定事物美与丑的，除了事物本身的特质之外，还有就是我们抱着何种眼光、怀着何种心态去看待、观察事物。眼光不同、心情不同，都会影响到我们评断事物的标准。如同我们所遭遇的一切，不论是身处如何严酷的境遇之中，心头之上的澄净都不应被纷乱的尘埃所遮掩。

　　悲观绝望是与苦难协作的恶魔，一齐作用于心灵深处，使我们痛苦难挨，使我们丧失了反击的勇气。阴郁的心情，就算晴空万里，也只会觉得清冷。一切的和谐与平衡、幸福与愉悦，都取决于

一个积极乐观的心态。

我们要学着用好心情代替忧郁，解除心中的的不快，将明媚爽朗的阳光迎进门来。

富兰克林·德拉诺·罗斯福是美国第 31 任、第 32 任总统，执政期间颇有政绩。一代伟人，并非生来如此，甚至在人生的开端伴随着苦难。

罗斯福很小的时候，因为一场疾病，而落下了瘸腿的终身残疾，还有突出的牙齿，这让他变得其貌不扬。孩子的承受能力是极低的，面对这一切，罗斯福认为自己是世界上最可怜、最不幸的孩子。身体上的缺陷给他造成了巨大的阴影，自卑使他拒绝与同学们在一起玩耍，也不参加任何游戏。课堂上，同学们都踊跃发言，积极参加活动，而罗斯福，即使老师向他提问，他也总是低着头，一言不发。

罗斯福的时光就在这片阴霾中度过，直到一个平常无奇的春天，他的人生开始转变。

一天，罗斯福的父亲从邻居那里讨来了一些幼嫩的树苗，他打算把它们栽在房前。父亲将孩子们叫到身旁，提议每人栽一棵，谁栽的树苗长势最好，谁就将得到一份最喜欢的礼物。孩子们欢呼雀跃着，都跃跃欲试，想要将树苗栽好，得到父亲的礼物。

罗斯福也不例外，希望能够获得礼物，只是看着兄弟姐妹们忙前忙后、蹦蹦跳跳地提水、浇树的场景，先前的渴望一扫而空。他甚至希望自己的那棵小树苗早点儿死去，于是在浇过两次水后，便再没有去照看它。

几天之后，当罗斯福再去查看他的那棵树时，被眼前的小树苗惊呆了。它不仅没有因为他的疏于照料而枯萎，反而长出了几片新叶子。同其他人的小树相比，更显得蓬勃、有生机。

父亲遵守承诺，兑现了礼物，并语重心长地对罗斯福说道："从你栽的小树看来，你长大后，一定会成为一名出色的植物学家，肯定会有一番作为！"

看着父亲欣慰的笑容，罗斯福备受鼓舞。从那天起，他慢慢变得乐观起来，以积极的姿态面对生活。

一天晚上，罗斯福躺在床上辗转反侧许久，仍未有睡意。窗外那轮皎洁的月亮将柔美的月光投进屋来，他忽然想到生物老师曾经说过，植物一般都在晚上生长。于是，他从床上爬起来，决定去看看自己栽的那棵小树。当他小心翼翼地来到院子时，竟然发现父亲正在用勺子在向自己栽种的那棵小树下泼洒着什么。

霎时间，他明白了父亲的良苦用心。原来父亲为了帮助自己的小树苗苗壮成长，一直在偷偷地为那棵小树施肥。他不动声色地回到卧室，眼泪不由自主地淌过脸颊。

从此，他变得更加乐观了。不论面对什么事情，他都抱着乐观的心态去努力完成。幼年时藏在心底的不快，就这样一扫而空。

生活美好与否，并不取决于上天的安排。他用不食人间烟火般的冷漠态度关注着凡世的一举一动，他所设定的这样或那样的坎坷和凄惨，并不能将人类打倒。磨难可以摧残身体发肤，却无法泯灭一颗乐观开朗的心。我们应从悲怆之中崛起，探寻大悲之中的点滴喜色。

保持乐观积极的心态，不是在脸上时刻挂着微笑这么简单。

乐观，是一种处世的心态，是一种生活的心情，也是一种内在的气质。它意味着苦中作乐的豁达，不气馁，不妥协，不会轻易将自己放弃。即使希望渺茫，也要将这份微弱的渺茫紧握在手心。

在心中注入乐观的能量，我们才能拨开密布的乌云，找到那一抹明媚的阳光，才能在品尝过万般苦涩之后，仍坚信在不经意间会遇见一丝甜蜜。

外界的黑暗并不能将双眼蒙蔽，靠着来自心中的那束光芒，前路定会获得指引。年轻的我们，要乐观看待一切不善的遭遇，守护住心中的希望，生命不息，灵魂不息，就尚有光明，就仍有希望。

保持精神的鲜活

　　大海的伟岸在于它张开博大的胸怀接纳百川，四面八方涓涓而来的百川汇聚于此，融入大海，奔腾而去。大海的澎湃与激情来源于细水长流的河水，是一汪汪活水成就了大海的生动。

　　人是由精神主宰的生灵，何去何从，是悲是喜，一切听从于心灵的召唤。试想一下，若人类失去精神的鲜活，会是怎样的下场？如同大海失去河流，丧失了活力的源泉。随着时间的流逝，成为毫无生气的一汪死水。人类，也是如此。

　　懂得怀有一颗感恩的心，用善意的态度去对待周遭的一切，用欣赏的眼光去审度或好或坏的遭遇。一桩桩令人哑口无言、无处诉说的苦闷，换个心情去体味，定然会有不同往昔的感悟。

　　史蒂芬·霍金是英国剑桥大学应用数学、理论物理学系教授，是当代最重要的广义相对论和宇宙论学家，是当今享有国际盛誉的

伟人之一，被称为在世的最伟大的物理学家，被誉为"宇宙之王"。

在他 21 岁那年，病魔卢伽雷氏症开始摧残他的身体，肌肉不断萎缩，夺去了他健康的四肢。为此，他被禁锢在轮椅上，丧失了奔跑跳跃、四处游走的能力。更糟糕的是，全身只有三根手指可以活动，身体已经严重变形。如若换做旁人，也许在有限的生命里，只剩下漫无止境的噩梦和叹息。

意气风发的大学时代，还未遭受疾病折磨的霍金，对自然科学有着浓厚的兴趣。他甚至已经意识到，会有一套万物理论能够解释宇宙的奥秘，并陶醉其中，不断思索。他将对宇宙的思索作为人生的信仰，带着极强的使命感，开始了他的探索。

正当他把热情投入其中时，不治之症给了他致命的打击。有过消沉、彷徨，有过无奈、绝望，他开始重新考虑自己的人生。当时医生预测他最多还有两年的生命力，然而两年过后，情况并没有预想的糟糕。曾与他在同一病房的男孩儿，第二天就去世了。相较于那个男孩儿，他意识到自己并不是很倒霉，如果就这样草草放弃自己，岂不是懦弱的表现？ 17 岁考入名校剑桥，拥有超乎常人的聪慧大脑，怎能轻言放弃？

为了至爱的家人，也为了终生的理想，霍金决定奋力一搏。他开始重新进行自己的研究，并不断取得新的成果。他曾在自传中写道："我并不认为疾病对我有多大影响，我每天依旧陶醉在自己的世界之中，努力不去思考自己的疾病。"

他用行动向世人证明，他依然可以拥有常人的生活。只要自己能做到的事情，他决不去麻烦别人。让他最为苦恼的便是被别人常将他看作残疾人，他认为，一个人身体残疾了，决不能让精神也残疾。霍金秉持着坚强的意志力，规划自己的人生，并没有让残缺的身体打垮他的意志。曾有六次与死神交手，却依旧顽强地活着。

一次演讲结束后，一位女记者向霍金问道："病魔已将您永远固定在轮椅上，你不认为命运让您失去太多了吗？"

霍金只是笑笑，用三根手指艰难地叩击着键盘，屏幕上出现了四段文字："我的手指还能活动；我的大脑还能思维；我有终生追求的理想；我有爱我和我爱的亲人和朋友。对了，我还有一颗感恩的心！"

顿时，掌声雷动。这掌声里，涵盖着太多敬仰之情。正如霍金所说，活着就有希望，人永远不能绝望。

身体上难以治愈的残疾，日夜提醒着他与正常人的差距和不同，而真正的巨人，会以微笑回击。迸发着只会冒出火光的头脑以及鲜活百倍的思维，撑起残缺不全的身体。以思维当脚，畅游到身体到不了的地方。

上天将苦难降临，我们只需将它看做诙谐的玩笑，以乐观、幽默的态度去接受既定的现实。将身体与他人的不同忽略，站在思想的层面去与他人对视、交流。

我们要学会用理想的光明对抗现实的黑暗，让理想照亮生活。在不断地追求中，让每天都变得独一无二，不再是固定的重复模式，而是崭新的又一天。为了理想而高歌、奋斗，让理想的枝蔓延伸至生活的每一个角落，生出嫩芽，开出花朵。届时，你会发现，是精神的鲜活带给了你生命的新意。

第六辑

语言的魅力

 说话的技巧

　　说话，是人类具备的基本沟通要素之一，只要是正常人，就完全可以通过说话去实现沟通。不过，当说话与技巧联系起来，说话就不是常规意义上的含义了。

　　一个会说话的人，常常能"化腐朽为神奇"。矛盾，会在他的一番妙语连珠下被化解；气愤，会在他的三寸不烂之舌下消失；冲突，会在他的游说下荡然无存。这并不是夸大了说话的技巧，古往今来，因说话方式的恰当而将事情完全颠倒的事例不胜枚举。

　　一个人若能把说话的技巧修炼出来，那么夸张点儿说，他就可以把不可能变成可能，甚至达到"谈笑间，樯橹灰飞烟灭"的地步。

　　说话是人类具备的一项基本技能，但这项技能却在人们的忽视中被慢慢"荒废"了。很多人并不注意自己的言辞，不分场合、不分轻重地胡乱出言，这造成的即是一种恶劣的影响。显然，对于

自身的发展是极为不利的。

　　身在校园的我们，也应该努力培养自己说话的技巧，虽然我们不能挖空心思地把说话方式嫁接在"曲意逢迎"上，可有技巧地表达自己的意思，总能让人更易于接受。把自己的语言进行包装，带着技巧去说话，我们会慢慢地发现身边人更容易被聚拢到自己周围，而我们在做事情时也会相对顺畅。更关键的是，我们一旦养成了有技巧地表达自己的内心感受，在日后的社会生活、工作中，即能获得更多机会。此外，值得庆幸的是，掌握了说话的技巧，也就等于提升了我们的内在修养。

善于倾听

有一个著名的记者，名叫伊萨克·马克森，他说过这样一句话："许多人没给人留下很好的印象是因为不注意听别人讲话。他们太关心自己要讲的下一句话，而不打开他的耳朵，一些大人物告诉我，他们喜欢善听者胜于善说者。"

倾听，也是一种与人交流的方式，它与说话一样重要。就如这位记者说的，大人物需要倾听者，我们普通人同样需要一名倾听者。倾听是一种幸福，它会让我们在交谈中享受喜悦；倾听是一种艺术，会提升我们自身修养，丰足内在气质。

很多人都渴望成为一个受人欢迎的人，可并非只有滔滔不绝会让你成为圈子里的亮点，尝试去做一个善于倾听的人，你身上的闪光点一样会被人发现。

心理学家表示，善于倾听者有这样的特点：能够用开放和接

受的胸怀、用肯定的语气来表达自己的看法；能够站到对方的世界来感受问题；在彼此的交谈中，会感觉温暖；在对方说话时不打断对方，先把自己的想法藏在心里。显然，如果一个人能做到这些，他在交谈中的倾听角色，将会占据交流主场，更重要的是，一个善于倾听的人，是会收获别人无法获得的成果的。

阿那克西米尼是古希腊哲学家，晚年时颇负盛名，可谓桃李满天下，追随他的学生多达上千人。

一日，这位睿智的老者如往常一样进入课堂，手里拿着一摞纸张，他告诉在场的学生们："这堂课你们不要忙着做笔记，凡是认真听讲的人，课后我都会发一份笔记。一定要认真听讲，这堂课很有价值！"

以往学生总要在他讲课的过程中匆忙地做笔记，课后再去复习、消化。这次，老者一反常态，学生们虽感惊奇，但没有过多质疑，一个个坐得笔直，细心听讲。

不过，课程只讲了一会儿，有些人便动起了别的心思。他们想到，阿那克西米尼刚刚说课后会发一份笔记，如此，还干吗绷紧神经去听课呢？等着下课之后看笔记就好了。有了这样的想法，课堂上的一些学生开起了小差。而且他们也发现，这堂课与之前的没有两样，但阿那克西米尼为何说它很有价值呢？

课程结束后，阿那克西米尼把之前拿来的纸张分发了下去。学生们拿到纸后不禁大吃一惊："怎么是几张白纸呢？"

看到学生们的样子，阿那克西米尼笑着说："是的，我的确说过要发笔记，但我还说过请大家一定要认真听讲。如果你们刚才认真听讲了，那么请将在课堂上所听到的内容全部写在纸上，这不就等于我送你们笔记了嘛。至于那些没有认真听讲的人，我并没有答应要送他们笔记，所以只能送白纸！"

原来，阿那克西米尼是想让学生们学会倾听，那些心不在焉的学生至此才懊悔刚才"充耳不闻"的举动。有些学生亡羊补牢，很快凭借回忆在纸上记下阿那克西米尼所讲述的内容，可他们都只能回忆起只言片语。

在这些学生中，有一个人把阿那克西米尼所讲的内容全部记录下来，他就是后来成为数学家、哲学家、思想家的毕达哥拉斯，他也是阿那克西米尼最喜欢的学生。阿那克西米尼把毕达哥拉斯的笔记贴到了墙上，朗声道："现在，大家还怀疑这堂课的价值吗？"

阿那克西米尼用一堂课证明了倾听的价值，他认为一个人一生中最宝贵的财富就是学会倾听、善于倾听，那远比物质财富更具意义。

有这样一段很有哲理的话："学会倾听是你人生的必修课；学会倾听你才能去伪存真；学会倾听你能给人留下虚怀若谷的印象；学会倾听，有益的知识将盛满你的智慧储藏室。"

倾听是一种温婉的气质，拥有这种气质的人，或许不会让人一眼看出优点，可他的身上时刻散发着不俗的光芒。学会倾听，会让我们更懂得反省自己，更快速地消除身上的缺点，继而变得越来越优秀。

倾听是人与人之间最必要的一种"沟通"，它与主动倾诉的区别就在于，可以让人吸取教训，总结经验，以迈入更高的人生台阶。

　　年轻的我们，意气风发，正处于张扬自我个性的阶段，这时的我们，更乐于表现自己，表达自己的观点，而忽视倾听他人的意见。显然，阅历的有限会阻碍我们表达的全面性，这很容易让我们陷入自设的僵局中，无法自拔。因此，不妨侧耳倾听，做一个生活的智者。

 交谈的底气

美国职业橄榄球联合会前主席杜根说过这样一句话："强者不一定是胜者，但是胜利迟早都属于有信心的人。"他的这句话，被后人称为"杜根定律"。

这个世界上有许多成功人士，他们无疑都是非常有实力之人，仔细观察他们，我们就会发现，他们的成功因素是多方面的，就语言方面来说，他们在交谈中都是底气十足、信心十足的。

一个人只有自信满满的时候，才能底气十足地与人交谈。如果你底气足，那么无论你做什么都会雷厉风行，独占鳌头；如果你底气不足，无论你做什么都会畏畏缩缩。语言是人类沟通的重要媒介，只有说话有底气，才会让人感觉你够分量。那么，如何才能让自己说话有底气呢？

首先，你要自信，自己给自己鼓励，相信自己的能力，经常

认为自己是最棒的。其次，要培养自己的正气，并在日常生活中培养自己的说话语气，只有口才灵光的人，才会让人觉得你说话有底气。再次，我们要敢说话，在热闹的场合多说话、多锻炼，才会让自己说话越来有底气。

语言的魅力是无穷的，一样的话，用不同的口气和方式传递出来，给人的效果绝对迥然不同。因此，试着赋予自己的语言以魔力，让自己说出的每句话都显得底气十足，我们走向社会时，也自然游刃有余。

众所周知，希尔顿是美国连锁酒店大王。希尔顿饭店创立于1919年，在不到90年的时间里，这家饭店已经拥有一百多家连锁门店，成功地超越了同行，成为全球最大规模的饭店之一。

希尔顿在最初做酒店生意时，就十分重视对服务质量的打造，当然，今日的酒店大亨若在当初一败涂地，恐怕世人也享受不到那种贴近人心的服务了。毫不夸张地说，希尔顿最初的成功，与他本人在同他人交谈时十足的底气密不可分，他借由语言传输出的自信与势不可当，是令他获得日后巨大成功的最重要的精神能量之一。

希尔顿起家时只有200美元，为什么能在不到90年的时间里就这么成功呢？显然，他的成功不是一夜之间的暴富，而是有秘诀的。

对于"缘何成功"这个普遍且答案莫衷一是的问题，希尔顿给出了自己的回答："说话一定要有底气。"

希尔顿在开始创业时，就把眼光瞄准了酒店业。虽然他当时的启动资金只有区区200美元，但是对未来充满自信的他，并不认为资金会成为阻碍自己成功的障碍。

在聚拢资金的过程中，他凭借着超强的自信四处游说，说话时也尽显十足的底气。当时，他希望投资商和银行家都能为他的项目注入一定的资金，以作为启动。最终，费了很大力气，他终于说服了这些手握雄厚资本的投资商，使他们甘愿把钱交给他这个疯狂的冒险家。

他在通往成功之路上并非一帆风顺。希尔顿定准酒店项目后，知道最开始的投建十分重要，不能有半点儿差错，可让他始料不及的是，有一个投资商在酒店建设到一半时，不知何因突然对希尔顿产生了质疑，大有撤回资金的意思。这突如其来的变故着实让希尔顿吃了一惊，可他并未就此消失斗志，他还像平常一样冷静。

很快，他准备好了大量现金和支票，然后把那个投资商请了过来，询问他："你是想要现金还是支票？"

投资商最初想要撤资，其中一个可以猜测的原因是，他觉得希尔顿未必会支撑下去，会因庞大的资金压力而失败。不过，当他这次看到希尔顿准备的一抽屉现金和支票后，之前悬着的心终于落下来了。

希尔顿接着说："如果你要坚持放弃投资的话，那么你可以任意选择现金或者是支票。"毫无疑问，希尔顿这番底气十足的话起到了关键的作用，这也直接给他的酒店建设带来了生机。

可以看出，希尔顿正是遇事不慌乱，与人交流沟通时底气十足，才跨过了最初创业的障碍。他凭借这一点，在生意场上披荆斩棘，终于登上了酒店大王的宝座。

163

希尔顿在遭遇投资商的质疑甚至潜在的撤资危机时，并未乱了阵脚。他用一种超越常人的信心和十足的底气告诉投资商——想离开，没有人拦着你。是的，这是希尔顿的底气，他有成就事业的决心，就不怕当中会遇到的磨难。而投资商呢？正是被希尔顿底气十足的姿态所震撼。

希尔顿通过不懈奋斗，终于登上了美国酒店大王的地位。在每一个最关键的时刻，他能用自信的态度来面对问题，用彰显底气的语言传递内在能量，这是他成功的一个决定性因素。

作为青少年的我们，在生活中、校园中，可能也会参加各种各样的聚会，我们要锻炼自己在聚会中主动发表言论，永远不要怀疑自己，要底气十足地说出每一句话。说话的底气，并非一两天就能练就，这需要我们在每次对话中不断地磨炼自己，在磨炼当中增加自己的自信心。

说话时尽量不要运用含糊的词语，例如"可能"、"大概"、"好像"这样的词语，它们很影响你说话的底气，让人感觉你非常不自信。语言是人与人交流最重要的部分之一，只有说话有底气，才能让人更信任你！

赞美的力量

马克·吐温曾说："一句赞美的话可以当我的十天口粮。"可见，赞美于我们而言，有着如此巨大的力量。赞美之言寥寥数语，是意志消沉时千金难换的鼓励，是默默无闻时奋然前进的动力。一句赞美之词，可以让心情开出花朵，重获昂扬向上的勇气；一句赞美之词，可以横扫内心的阴霾，让阳光照进心里，温暖身心。

不要吝惜我们的赞美，要诚挚地献上我们的赞美。一句看似不经意的夸赞，正是对他人的认可和鼓励，定会在他人心中播下希望的种子，结出丰硕的果实。不要怀疑赞美的力量，比起自己的判断，他人的认可和肯定更为重要。

奏响赞美的乐章，生命将迎来崭新的一刻，带着新的展望出发，开始新的际遇。

法国著名作家大仲马，年少时也曾穷困潦倒，流浪到巴黎后，

期盼依靠父亲的朋友帮自己找一份工作来谋生。

见面后是例行公事般地询问。

"精通数学吗？"父亲的朋友问道，大仲马不好意思地摇摇头。

"历史地理呢？"依旧是摇头。

"法律呢？"父亲的朋友不断问话，他只得连连摇头。

最后，父亲的朋友只得无奈地说："你先将自己的住址写下来吧，我总得帮你找份工作呀。"

大仲马只好惭愧地写下了住址，正当他转身准备离开时，却被父亲的朋友拉住。

"你的名字写得很漂亮嘛！这就是你的优点啊！"

"名字写得漂亮也是优点吗？"羞涩的大仲马听到这一席话，顿时来了精神。

"能把自己的名字写好，能把字写得漂亮，就能把文章写好！"

备受鼓舞的大仲马，从他的眼光中，得到了赞许。就这样，一个连自己都没有察觉的优点，在别人的鼓励下，一点点放大，成为自己的骄傲。

此次会面之后，大仲马迈着轻快的脚步慢慢向未来走去。数年之后，他果然不负众望，创作出享誉世界的经典之作。

列夫·托尔斯泰年轻时，只是个无名小辈，正是由于大名鼎鼎的屠格涅夫的称赞，点燃了他心中创作的火焰和激情。

1852 年，平常无奇的一天，屠格涅夫在松林中打猎时，无意捡到了一本残破不堪的《现代人》杂志，便随手翻阅了几页。意想不到的是，竟被一篇名为《童年》的小说所打动。屠格涅夫对这位作者欣赏有加，便开始四处打听作者的消息。作者正是托尔斯泰，两岁丧母，七岁丧父，由姑母抚养长大。

得知了他的坎坷遭遇，屠格涅夫心生同情，给予了更多的关注。他将读后感告诉托尔斯泰的姑母，并不厌其烦地多次在会客场合由衷地赞美托尔斯泰。经过屠格涅夫的介绍，《童年》引起了众人的关注，获得了非凡的反响。

姑母即刻将屠格涅夫的赞美之词，写信传达给托尔斯泰。信中写道："你的小说《童年》在瓦列里扬引起了很大轰动，著名作家屠格涅夫逢人就称赞你。他还说这位青年如果坚持写下去，他的前途一定不可限量！"

托尔斯泰收到信后，欣喜若狂。《童年》原本只是他为了抒发生活的苦闷而信手写就的作品，竟然获得著名作家的称赞，不禁喜上眉梢。他从未有过要成为作家的念想，当作家似乎是不自量力的妄想，而有了屠格涅夫的鼓励，托尔斯泰开始梦想踏上作家的道路。

从此，托尔斯泰带着对写作的极大热忱，开始了创作。《战争与和平》、《安娜·卡列尼娜》、《复活》，这些名冠全球的经典之作，皆出自他手。他最终成为享誉全球的作家、思想家和艺术家。

一句赞美犹如涌入沙漠的一汪甘泉，滋润了他人的心窝。这是一股积极向上的力量，将不可思议的奇妙能量注入体内，从而开拓一片崭新的天地。

在攀登人生之巅时，起初昂扬的斗志难免被悬崖峭壁所消耗

和磨损。严重时，甚至郁郁寡欢，终日低迷。此时，如果周围有赞美的声音，将会有意想不到的效果。赞美，犹如一剂良方，将无形的鼓励赠予他人。

赞美之声，是如此美妙的协奏曲，伴着悠扬的曲调，直抵人心。如此天籁般的声音，正是每个人所需要的鼓舞，振奋斗志，士气高昂，重新树立理想，重新审视自己，调动信心，马力全开。

慢条斯理表主见

　　生活之中，难免会有与他人磕磕碰碰、意见相悖的时刻，是选择大声反击，还是一言不发？每个人的处世之道不同，脾气、性格不同，便会有截然不同的应对方法。不同的应对方法，会衍生出不同的情景和结果。

　　不过，比起大声嘶吼，比起小声嘀咕，慢条斯理地表达心中所想，才是最有效的沟通方法。如此这般淡定从容，不仅在气势上稳住了场面，而且举止得当，无可挑剔。是非对错暂且不论，不能在修养素质上败下阵来。

　　遇事要沉着冷静，将音调放平，慢条斯理地将想法向对方讲清楚。不慌不忙之间，摆明自己的立场与观点。从容应对，方显大将之风。愈是反唇相讥，愈是容易乱了阵脚，从而陷入对方的圈套中。粗着脖子，争个面红耳赤，各自不断上扬的声调，并不能解决

问题。

古往今来，著名的辩论家丹诺、西塞罗等，无一例外，皆是语言大师。他们善于用精准的词语去表达各自的见解，不知不觉间让对手接受他的观点。辩论场上，没有吵嚷声，有的只是心平气和。

晏婴，齐国人，春秋后期一位重要的政治家、思想家和外交家。以其机警的头脑、伶俐的口才闻名于各诸侯国。在一次出使楚国的过程中，凭借高超的语言艺术击退了楚王接二连三的讥讽和刁难，并用机智的回答将了楚王一军，让其心悦诚服。

楚王听闻晏婴即将出使楚国，便对身边的大臣说道："晏婴是齐国一个能言善辩之人，现在他要过来，我想羞辱他，用什么办法呢？"

左右侍臣答道："在他来的时候，请大王允许我们绑着一个人从您面前经过。您就问：他是做什么的？我则回答：齐国人。您继续问：他犯了什么罪？我则回答：偷窃罪。"

这日，晏婴来到楚国，楚王设宴款待他。酒过三巡，正喝得高兴之际，两名小官员绑着一个人来到楚王的面前。

按照先前设定的套路，楚王问道："绑着的人是做什么的？"

其中一个官员答道："他是齐国人，犯了偷窃罪。"

楚王听后，暗自得意，望向晏婴问道："齐国人本来就善于偷盗吗？"

听到楚王不怀好意的问题，晏婴并没有急忙去辩解，而是从容地离开座位，来到楚王面前，不慌不忙地说道："我曾听说过这样一件事：橘树生长在淮河以南的地方，就是橘树，而生长在淮河以北的地方，则是枳树，橘树与枳树只是叶子相像罢了，它们果实的味道却大不相同。这是什么原因呢？自然是地方水土不同所导致的啊。老百姓生活在齐国时并不偷东西，来到楚国生活却偷东西，莫非是楚国的水土使百姓善于偷东西的吗？"

楚王听了晏婴的这一番话，不由得心服口服，笑着说道："是不能同圣人开玩笑的，我反而自讨没趣了。"

面对楚王的故意刁难，晏婴识破后，并没有急着反击。他深知与楚王争辩是不合时宜的，身在他国，又是与一国之主面对面，直接辩解不仅仅无用功，更会因为自己逞一时的口舌之快，而影响齐、楚两国之间的关系。

晏婴用自己的机智完美地化解了这场闹剧，不仅驳回了楚王的污蔑，保全了齐国的威严，而且为自己赢得了楚王的尊敬。

面对他人的咄咄逼人、出言不逊，以更加强硬的态度予以回击，未必是行之有效的办法，而且有失妥当。也许，如此一来，将原本就已经不安定的局面更加激化，引起更多不必要的麻烦，使事态更加紧张。

不管对方是如何步步紧逼，切忌自乱分寸。以平和的态度去应对，将情绪调整好，控制好节奏。不要被强悍的对手所扰，即使满腔怒火、义愤填膺，即使受到了不公平的对待，也要努力静下心来。在向他人诉说的过程中，做到不缓不急，将每一句话都表达得清楚明白、简练干脆。

语言是一种排列文字的艺术，与抑扬顿挫的声调相配合，将抽象的思想予以表达，用自己的方式将对方的进攻化解。

恰当的话，适时地说

眼睛让我们可以审视这个世界，鼻子让我们可以闻得到花朵的芬香，耳朵让我们可以听得见风声、雨声。当花朵的娇艳与芬芳在脑海中形成映像时，我们用嘴巴去表达内心对花朵的喜爱之情。

我们也用嘴巴去抒发内心的不满与焦躁。所谓"病从口入，祸从口出"，即是不合时宜的言语往往会造成不堪的后果。什么样的话，什么时候去说，得到的结果会有天壤之别。

这就是语言的魅力之所在。恰当的话语，在恰当的时机表达出来，不仅愉悦别人，而且彰显个人的魅力与气质。与人交谈时，应诚心诚意地直抒己见，通过一言一行展现良好的素养。与此同时，莫要忘记挑选合适的时机，不要"奋不顾身"地撞向枪口，引起别人的反感情绪。

俗话说"说多错也多"，我们在与他人的交流过程中，难免因为一时口快，不知不觉惹恼了别人。别人碍于情面又不好即刻发作，便会留下后患，影响了今后的交往。好在可以及时发现，以便及时纠正之前的错误，扭转不良局面。

乾隆帝是清朝第六位皇帝，在位期间，文治武功兼修，是我国历史上颇有作为的一位皇帝。

纪晓岚则是我国古代的大文豪之一，其文采出众，乾隆帝对其赞赏有加。

云淡风轻的某一天，乾隆宴请群臣。美酒佳肴相伴，大臣们吃得不亦乐乎，酒饮得也酣畅淋漓，气氛格外融洽。就在此时，爱好风雅的乾隆帝即兴出了一则上联："玉帝行兵，风刀雨箭云旗雷鼓天为阵。"随即下令百官以此上联对出下联。

在座的诸位大臣，平日里皆自诩文采一流，如今却无人应答。乾隆见席间一片沉默，马上来了兴致。为了卖弄自己的才华，便点名要纪晓岚来对出下联，意在让这位大名鼎鼎的才子栽个跟头，献献丑。

意料之外、情理之中的是，纪晓岚没能让乾隆的小计谋得逞，恭恭敬敬地对出了下联："龙王设宴，日灯月烛山肴海酒地当盘。"

纪晓岚话音刚落，此前还沉默不语的大臣们发出一片赞许声，仿佛是对得意扬扬的皇帝的一种回击。

看着暗自高兴的群臣，乾隆却高兴不起来，不自觉地面带愠色，不发一言。席间的各位大臣见皇帝这般反应，很是纳闷儿。

伴君如伴虎，果然没错。纪晓岚见状，知道是他得罪了皇上，心下一惊，赶忙说道："圣上贵为天子，风、雨、云、雷都归您来调遣，威震天下；而臣下皆是酒囊饭袋，因此希望日、月、山、海都能在酒席之中。可见，圣上是好大神威，而小臣只不过是好大肚皮而已。"

乾隆一听，不由得喜上眉梢，连忙称赞纪晓岚："尽管饭量甚好，但若无胸藏万卷之书，又哪有这么大的肚皮。"

君臣二人一唱一和，不仅龙颜大悦，作为臣子也是深感欣慰。虽然纪晓岚无意间扰了皇上的小心思，可但是他及时弥补，用恰到好处的话语化解了皇上的怒气，收拾了席间的尴尬。这正是纪晓岚的闪光之处，也体现了他的才思敏捷。

纪晓岚的学识自然是我们难以效仿的，可这不意味着我们别无他法。我们可以从中得到启发，去学习、借鉴他的处世之道，慢慢锻炼我们的敏捷才思。在与人交往时，将话说到位，游刃有余地去展现自己，去沟通和交流。当然，展现自己并不意味着赤裸裸地炫耀自己，谦虚低调需要一定的准则。

能说会道是每个人都向往的，如黄鹂鸟般唱着令人愉悦的曲调，获得世人的喜爱。推及己身，就是要把话说到正处，说到关键点上。不要盲目地说，更不能信口开河，要讲究方式方法，把握好时机，让所说的每一句话真诚实在，深得人心。

能说会道并不等同于油嘴滑舌，跟"满嘴跑火车"更是不同。它讲究的是说话的内容和时机，是一个人内在气质的体现，需要点点滴滴地积累与磨炼，方能掌握其中的要诀，收放自如，获得期望中的效果。

　　年轻的我们，不要因为担心说错而不敢去说，要相信语言的力量。当然，也不要因为过于自信而信口雌黄，我们要敬畏语言的力量。

第七辑 笑看一切挫折

无惧无畏
经历是最厚重的积累
坚持到底，永不放弃

无惧无畏

法国作家拉罗什富科曾说："勇敢，在纯粹的士兵那里，只是一种为了谋生而从事的冒险事业。"言外之意，勇敢对于更多的普通人来说，不是为了谋生而存在，它是一个人周身散发出的优良气质。一个无惧无畏之人，总能带给身边人不言而喻的安全感。

无惧无畏，是战胜人们内心恐惧的武器；无惧无畏，是驱赶人们内心黑暗的路灯；无惧无畏，更是推动人们前进的动力。

在生活中，看似平坦的路上却埋藏着无数的荆棘。面对这些荆棘，有些人选择逃避，而有的人依然勇敢向前。"勇敢是成功的基石"，这样的格言平凡中凸显伟大，因为它道出的是真理，可真理时常被人们忽视，只有那些真正敢于挑战挫折，面对"天大的事"也冷静安稳的人，才能读懂它的内在含义。

无惧无畏的人，总能跃过人生的崇山峻岭、沙漠沼泽，在经

受暴风雨的洗礼之后，寻得独属自己的人生绿洲。

荀灌是东晋时期赫赫有名的平南将军荀崧的女儿，她在年少时就是一个奇才。她生活在一个战乱频仍的年代，自幼随父亲习武，年纪很小的时候就练就了一身高超的武艺。

荀灌13岁那年，其父亲荀崧所守的宛城遭到几万名贼兵的入侵，他们从西域流窜而来，对宛城构成威胁。

当时，守卫宛城的士兵区区千人，若是贼兵攻打，后果不堪设想。荀崧经过短暂思考，知道当下唯有排遣一名智勇双全的士兵突围，到襄阳搬来救兵才能解围。办法想到了，可谁才是合适的人选呢？

荀崧马上召集属下商议，大家都觉得此法得当，但没有一个人愿意只身前往的。其实大家都知道，这次突围凶多吉少，前途未卜，因而不免胆怯。这时，形势于宛城更加不利，贼兵已将其围得水泄不通。

就在千钧一发的时刻，荀崧的女儿荀灌站了起来，说道："父亲，让我去吧！"

荀崧一看，自己的女儿居然挺身而出，不由得一惊，连忙说道："不行，你一个女孩子家，怎么能出现到战场，如何能够突出重围，又如何能够抵挡得了贼兵的追杀呢？"

荀崧十分倔强，面无惧色地说："父亲，女儿自幼习武，武功如何父亲心中最清楚，更何况城外的地形只有我最熟悉。现在，坐守孤城是死，突围失败也是死，与其在这里等死，还不如拼却一死！如果突围成功，我请来了救兵，那么就能够挽救全城人的性命了。"

荀灌说得头头是道、句句在理，而她的一番话，也让在场的众将面露惭愧之色，他们知道，自己多年征战沙场的胆识，居然抵不过一个13岁的小姑娘。于是，大家纷纷主动请缨，争抢着去做突围先锋。

最终，荀崧还是决定委派自己的女儿荀灌突围，但考虑到她年纪轻轻，且是女儿家，便又排遣20名武艺不凡的勇士陪同，组成了一支小突围队。当天夜里，他们借着月光慢慢靠近城门，一番激烈的厮杀后，荀灌等人冲出城去。

荀灌抵达襄阳后，当时的襄阳太守先看了荀崧的求救信，接着听了荀灌的一番在理的言辞，毫无疑问，他被眼前这个无惧无畏的小姑娘镇住了。一个13岁的小姑娘在20名武士的陪同下能突出重围，实在令人赞叹。很快，襄阳太守发兵营救，并力邀荆州太守协同出兵。

援军抵达宛城后，贼兵很快被击退，宛城的所有百姓都被解救了。虽然是无数士兵救了这座城，但是若没有勇气过人的荀灌出城求救，恐怕宛城早已被贼兵占领了。

荀灌用自己的胆识证明，即使是13岁的女孩子，也可以驰骋于疆场。

在勇敢面前，无所谓性别，也无所谓年龄。不是每个人都拥有无惧无畏的精神，这需要很大的勇气。勇气就像大地，滋润着万物；勇气就像太阳，给了我们温暖。任何一个人，若是充满勇气，无所畏惧，那么他就是自己生命的主宰。

　　作为青少年的我们，每日最多的"工作"就是学习，在学习中，是否也需要这种无惧无畏的勇气呢？答案是肯定的。面对学业上的难题，我们曾经踌躇过，似乎也有过"得过且过"的念头儿，可那样的结果是什么呢？那种不健康的心态，只会让我们与通往成功之路的方向相背离。

　　当然，无畏无惧这种精神并不是每个人都可天生具备的，它是我们在日常生活中和每一次困难中磨炼出来的。甚至可以说我们每个人的骨子里都拥有着无惧无畏的精神，只是程度不同而已。这就要求我们笑对一切挫折、磨难，不屈服、不动摇，朝着自己的目标勇往直前，义无反顾，这才是无惧无畏的真正内涵！

经历是最厚重的积累

有的人认为，金钱是财富，可事实上，经历才是一个人最大的财富。

经历过风雨的人，才知道什么是晴天；经历过失败的人，才知道成功的辛酸；经历过病魔的人，才知道健康是多么重要；经历过寒冷的人，才知道温暖是多么可贵。一个经历大风大浪的人，还会怕什么呢？

人经历越多，才会越勇敢，越坚强。经历是自己的，别人是无法复制的，它的魅力就在于：它给我们的精神增添了一笔笔财富，让我们在以后的日子里不会陌生地面对生活。

这种经历是不可替代的。如果你想自己的人生更有意义，想自己的人生是完整的，想让自己内心的世界不那么孤独，那么请珍惜每一次经历。因为有了这些经历，才让我们明白生命的意义，是

经历让我们变成了最富有的人。更重要的是，微笑地面对任何经历，坦然地接受一切，我们才是人生的胜者。

贝多芬是众所周知的德国著名音乐家，他的名声在世界范围内都十分响亮。他一生创作出多部催人奋进的音乐作品，对人类的音乐事业贡献巨大。不过，人们对他的纪念和敬佩，不局限于他在音乐上的造诣，还有他本人那一段段不俗的经历以及他在这个过程中坚韧不拔的精神——他始终欣然地接受着每一次不堪的经历。

贝多芬的家庭极为贫困，身为歌剧演员的父亲，并不如人们印象中那样高雅、有风度，他的性格粗鲁，而酗酒，每次醉酒，贝多芬都不可避免地成为出气筒。他的母亲则在别人家里当女仆人。

贝多芬长得其貌不扬，上天没给他美貌，却给了他在音乐方面的天赋。自小酷爱音乐的他，很早就表现出异于常人的一面。11岁时，他加入了戏院乐队，两年后成为大风琴手。在音乐道路上的顺畅，与他本身的命运形成了鲜明对比。17岁时，他的母亲去世，照顾两个兄弟的责任就落在了他这个兄长的身上。

1792年11月，远离故土波恩的贝多芬来到了有着"音乐之都"美誉的维也纳。在这里，他的音乐天分可以尽情发挥，再也没有什么能够阻挡他。可是，命运有时就是爱捉弄人，从不会让一个日后可以功成名就者一帆风顺。

从1796年开始，贝多芬的耳朵出了毛病，日夜作响，听觉上受到巨大障碍。显然，这对于一个热爱音乐的人来说，无异于晴空霹雳。最初，贝多芬对这个秘密缄口不语，他似乎不想别人用异样的眼光看自己。几年之后，这个秘密成为"公开"的消息，因为他彻底失聪了，成了名副其实的残疾人。

1801 年，命运似乎开始怜悯贝多芬这个受尽人间悲苦的人，赐予了他一段爱情。这个名叫朱丽埃塔的女孩子走进了他的世界，贝多芬对她的爱是浓烈的，然而上苍再次残忍起来，生生把这份爱夺走了。

朱丽埃塔是个自私又虚荣的女人，加之贝多芬是个残疾人，故而几年之后，她另结新欢，嫁给一个伯爵，彻底抛弃了贝多芬。此时，贝多芬的身心遭受了巨大的打击与创伤，痛苦的他，实在无法想象令人悲愤之事居然都降临在自己身上。只是这些痛苦没有成为永恒的负担，它们化作了一个个跳动的音符，在贝多芬的脑海里幻化出来，成为一首首震撼音乐界的名曲。《幻想奏鸣曲》、《克勒策奏鸣曲》等作品，都成为这一时期贝多芬真实的内心写照。

自己的音乐作品得到了认可，贝多芬对生活也有了更强的信心。他开始乐观起来，情绪更为高涨，这直接促使他创作出更多今日依旧传颂的世界名曲，比如《英雄交响曲》、《热情奏鸣曲》等。

距离上一次失败的恋情 5 年后，1806 年 5 月，爱神丘比特又将"爱之箭"射向了贝多芬。这次，一个名叫布伦瑞克的小姐成为他的未婚妻。

音乐事业的辉煌和顺畅，爱情上的喜收成果，都让贝多芬兴奋不已。但是，命运对他的捉弄还未停止——他的未婚妻跟别人私

奔了。

这次的事对贝多芬的打击似乎不比从前，原因很简单，这时他的精力全部放在了创作音乐作品上，其余的一切似乎没那么重要了。他一次次接受桂冠的同时，生活的凄哀仍在继续：经济窘迫，亲朋离世，双耳失聪。这时的他，只能依靠纸笔与外界交流，

换作旁人，经历着世间种种坎坷，怕是早已挺不住了。贝多芬却依然挺直身躯，毫不屈服于生活的苦难，他笑尝着一切甘苦滋味儿，心境越发坦荡如砥。

贝多芬，一个饱受生活折磨的人，依旧不放弃自己的梦想和对人生的希望，在每一段经历中都全身而退，这实在叫人吃惊。他也终于凭借自己的努力，改变了当时维也纳音乐风格的"轻浮"之风，对世界音乐领域做出了不可估量的贡献，被尊为"乐圣"。

贝多芬的命运是多舛的，但是他并没有向自己经历的这些困难低头。

对于一个从事音乐的人来说，耳朵是多么重要，可即使双耳失聪，他也没有灰心丧气，而是迎着苦难，一往无前。

贝多芬的经历是多样又苦痛的，他对待经历的态度，很值得我们学习。每个人从小到大都要经历许多困难，正是这些困难让我们学会了成长，学会了坚强，学会了迎难而上。挫折是人生的必需品，每个人都要经历，没有人能够避免。时光不停，我们的经历就在不断地增加，是这些经历，促使我们能在社会上立足。

一个没有经历的人，是难以闯荡天下的；一个没有经历的人，是不会懂得生活的。经历过，我们的视野才会开阔，才能懂得生活

的真谛。

　　身为青少年，我们也要让自己的经历丰富起来，不怕吃苦，不畏挫折，更重要的是，在一次次的不顺中培养乐观心态，它远比经历挫折本身更重要，也是经历带来的另一种丰足养分。

坚持到底，永不放弃

　　每个人行走在天地间，是不可禁锢的思想使我们区别于行尸走肉，是前方闪耀的梦想指引我们前进。我们被心之向往的梦想吸引，一路向前，而在这前行的路途之上，荆棘密布，坎坷丛生。每走一步，都是我们与外界苦难的斗争，更是自我与内心世界的较量。

　　你不禁要问，如此曲折，要怎样忍着痛，面对灵魂的挫败感继续努力？又要如何击退消沉的意志，再次挺起胸膛？此刻，不必迷茫，更无须惊慌。多少怀揣梦想的人，用坚韧不屈的行动，向世人证明，面对拒绝或嘲笑，面对挫败或失意，坚持不懈，永不言弃，是武装到头脑的最强武器。

　　梦想，从来不只是停留在嘴边的词语；成功，从来不只是浅尝辄止的过程。当我们艳羡别人的际遇、仰慕他人的好运气时，殊不知正是那份坚持促成了日后连我们自己都被感动了的结果。

　　一而再，再而三，周而复始。一份坚持，撑起了对梦想的渴望。不开始则以，一旦开始，就不要让自己败在路中央。怎能忘记曾暗自立下的誓言、曾熬过的痛楚，一路走来，唯有梦想在前方，唯有坚持在身上。

　　在贫穷面前，遥不可及的梦想，似乎显得尤为苍白无力。但是，贫穷不该是梦想的绊脚石。拥有多重身份，集影星、导演、作家与制作人为一身的席维斯·史泰龙，打破贫穷的羁绊，用锲而不舍的坚持，收获来之不易却光彩夺目的梦想。

　　贫穷的家境，使得一家人艰难度日。勉强维持的一日三餐，破烂不堪的衣服，并没有让他丧失斗志与勇气，相反，史泰龙却胸怀璀璨的梦想——当演员、成明星。在旁人看来，如此不切实际，简直是天方夜谭、痴人说梦。就算典当了全部家当，都换不来一件像样儿的西服，又如何能拍上电影呢？

　　现实的残酷和亲朋好友的不理解，都没能阻止史泰龙成为演员的梦想进程。家境贫穷又如何？外人质疑又如何？梦想在心中，路在脚下，一步一步往前走就是了。他悉心将好莱坞的500家电影公司逐一记下，仔细分析之后，列出了名单，制定好了路线，带着为自己量身定做的剧本一一拜访。

　　时间一点一滴流逝而去，拜访完这500家电影公司之后，他收获的也仅仅是500次冰冷的拒绝。煞费苦心之后，竟然没有一家公司愿意聘用他。若换作旁人，定是扛不起如此强烈的挫败感，恐怕放弃是最好的解脱。

　　史泰龙却选择了坚持，选择直面第一次的失败，开启第二次

的尝试。依旧是同样的 500 家电影公司，依旧是同样认真确定的路线。当然，依旧是同样被拒绝的结果。你以为这就是结束？不，这只是第三次、第四次的开始。

突破，便是上苍对于坚持者的馈赠。拜访完第 349 家之后，第 350 家电影公司的老板意外地将他的剧本留下，看过之后再做定夺。没有直截了当地拒绝，让他燃起了希望的火焰。

等待总是难挨的，尤其是在这般期盼中，结果变得如此重要。数天之后，这家公司邀请史泰龙前去详细商谈。他的剧本打动了这家公司，他的才华赢得了这部电影的开拍，更是为自己赢得了担任男主角的资格。

坚持到最后，将梦想攥紧在手中。这部电影的名字叫作《洛奇》，一经播出，反响如此热烈，引起了巨大的轰动。

影片讲述的是一个身处底层社会，生活波澜不惊，看似平淡无奇的小人物，当世界拳击冠军决定将他视为提高自己声誉的沙包时，他将内心世界那股永不服输的精神展露无遗。与世界冠军对打，失败自是平常。难能可贵的是他经受住了艰苦的训练，扛起了巨大的压力与挑战，面对劲敌，没有退缩，更没有放弃。失败的结果却无法掩饰他精神的强大，他有属于自己的荣誉。

影片里的小人物，正是席维斯·史泰龙的生活写照。挫折与磨难都没能让他放弃自己的梦想，坚持，再坚持。

愈是艰辛的旅程，风景便愈是美好。是汗水将路旁的花朵浇灌，是坚持让梦想实现，焕发耀眼的光芒。到达终点的成功，实现梦想的喜悦感，都是用锲而不舍的坚持换来的。回首来时路，遍布的荆棘，让花朵更加芳香。

一次失败，并不代表成功无望；一次次失败，也只是证明你还在前往成功的路上。成与败，皆不是命中注定。只要你收拾好低落的心情，调整好昂扬的情绪，坚持下去，总有一天，成功会出现在你眼前，成为你的囊中之物。

不要因为一时的失败，就将一切努力抹灭。当挫折压得你喘不过气来的时候，抬头看看远方，梦想就在那里。一切的付出与努力，都必将会有意义，前提便是你没有半路放弃。曾经流过的汗水与泪水，必将以另一种形式返回。梦想一朝实现，便是坚持下去的全部意义。答应自己，学会坚持，被失败折磨得痛苦难耐时，就试着再去坚持一会儿。一时的失败固然难过，然而放弃梦想，就此止步，岂不会更加痛心疾首？

记住，坚持到底，永不放弃，这是对梦想的坚持，是对梦想的誓言。